विज्ञान गमती

डॉ. अरूण मांडे

मेहता पब्लिशिंग हाऊस

© +91 020-24476924 / 24460313

Email : info@mehtapublishinghouse.com
production@mehtapublishinghouse.com
sales@mehtapublishinghouse.com

Website : www.mehtapublishinghouse.com

◆ *या पुस्तकातील लेखकाची मते, घटना, वर्णने ही त्या लेखकाची असून त्याच्याशी प्रकाशक सहमत असतीलच असे नाही.*

VIDNYAN GAMATI by Dr. ARUN MANDE

विज्ञान गमती / विज्ञान विषयक

डॉ. अरुण मांडे

© मेहता पब्लिशिंग हाऊस

प्रकाशक   : सुनील अनिल मेहता, मेहता पब्लिशिंग हाऊस,
१९४१, सदाशिव पेठ, माडीवाले कॉलनी, पुणे – ३०.

प्रकाशनकाल : मार्च, १९९५ / फेब्रुवारी, २००३ / मार्च, २००५ /
ऑगस्ट, २००७ / नोव्हेंबर, २००९ / जानेवारी, २०१२ /
ऑक्टोबर, २०१३ / पुनर्मुद्रण : डिसेंबर, २०१७

मुखपृष्ठ व
आतील चित्रे : दीपक संकपाळ

P Book ISBN 9788177663808

E Books available on : play.google.com/store/books
m.dailyhunt.in/Ebooks/marathi
www.amazon.in

सौमित्र आणि अपूर्वास

अरुणकाका

 **१**

हवेमुळे दोन ग्लास चिकटतात

खरं वाटत नाही ना! मग हा प्रयोग करा.

पण त्यासाठी दोन एकसारखे ग्लास आणि ग्लासावर व्यवस्थित बसणारी रबरी रिंग हवी.

आता एक ग्लास टेबलावर ठेवा. त्यात जळत्या कागदाचा तुकडा टाका. ग्लासाला रबरी रिंग आधीच बसवा.

जळता कागद टाकल्याबरोबर दुसरा ग्लास त्यावर उलटा करून बसवा. दोन्ही ग्लासच्या मध्ये रिंग व्यवस्थित बसली आहे की नाही बघा.

तोपर्यंत कागद पूर्ण जळालेला असेल.

आता वरचा ग्लास हाताने उचला. खालचा ग्लाससुद्धा त्याला चिकटून वर येईल. असं कसं झालं?

कागद जळत असताना त्या ग्लासमधला ऑक्सिजन जळण्यासाठी वापरला जातो. त्यामुळे ग्लासमधल्या हवेचा दाब कमी होतो. बाहेरच्या हवेचा दाब मात्र जास्त असतो. त्यामुळे दोन्ही ग्लास एकमेकांना चिकटतात.

रबराची रिंग मिळाली नाही तर रबराचा तुकडा ग्लासच्या मापाचा कापून रिंग तयार करता येते.

◆◆◆

२ एवढं मीठ गेलं कुठे?

काचेचा ग्लास पाण्यानं काठोकाठ भरा. आता यामध्ये चमचाभर मीठ टाकलं तर काय होईल?

करून बघा.

पाण्यामध्ये मीठ विरघळून जाईल. आणि तरीही पाण्याचा एकही थेंब ग्लासच्या बाहेर पडणार नाही.

चमच्याने मीठ अलगद टाकत रहा. मीठ एकदम कोरडं हवं हे लक्षात ठेवा.

हळूहळू पाण्याचा आकार वाढत राहील.

पण एवढं मीठ कुठे गेलं हे तुम्हाला सांगता येईल का?

इतर संयुगांसारखंच पाणीसुद्धा एक संयुग आहे. हायड्रोजन आणि ऑक्सिजन यांच्या अणुंपासून तयार झालेलं आहे. पाण्याचे हे रेणू परस्परांपासून दूर असतात. त्यांच्यामध्ये बरीच मोकळी जागा असते. पाण्यात मीठ टाकलं की ते या मोकळ्या जागेत जाऊन बसतं. त्यामुळे पाण्याचा आकार वाढला तरी ते ग्लासच्या बाहेर येत नाही.

पाण्यानं काठोकाठ भरलेला एक ग्लास घ्या. त्यामध्ये एक सुई किंवा टाचणी अलगद टाका. पाणी बाहेर सांडणार नाही. आणखी एक टाचणी टाका. दुसरी टाका. तिसरी टाका तुम्हाला आश्चर्य वाटेल, खूप टाचण्या आतमध्ये टाकल्या तरी पाणी खाली सांडणार नाही.

इतर संयुगासारखंच पाणी एक संयुग आहे. हायड्रोजन आणि ऑक्सिजन यांच्या अणुंपासून तयार झालेलं आहे. पाण्याचे हे रेणू परस्परांपासून दूर असतात. त्यांच्यामध्ये बरीच मोकळी जागा असते. म्हणून बऱ्याच टाचण्या टाकल्या तरी पाणी खाली सांडत नाही.

खूप टाचण्या टाकल्यानंतर ग्लासच्या काठाशी समांतर अशी नजर ठेवून बघा. पाण्याचा पृष्ठभाग फुगलेला दिसेल.

◆◆◆

गरम हवा - हलकी असते?
थंड हवा - जड असते?

गरम हवा हलकी असते हे तुम्हाला माहीत आहे. पण ते सिध्द कसं करून दाखवणार?

एका काठीला मधोमध दोरा बांधा. त्याच्या दोन्ही टोकांना कागदाच्या दोन पिशव्या दोरीनं बांधा. कागदाच्या पिशव्यांची मोकळी तोंड खाली राहिली पाहिजेत.

हा झाला तुमचा तराजू. काठी जमिनीशी समांतर राहील याची काळजी घ्या.

आता उजव्या बाजूच्या पिशवीखाली काही अंतरावर पेटती मेणबत्ती धरा. उष्णतेमुळे हवा गरम होईल. उजव्या बाजूच्या पिशवीमधली हवा तापल्यानंतर ती हलकी होईल.

डाव्या बाजूच्या पिशवीमधली हवा थंड आणि जड असल्यामुळे काठी डाव्या बाजूला झुकेल.

◆ ◆ ◆

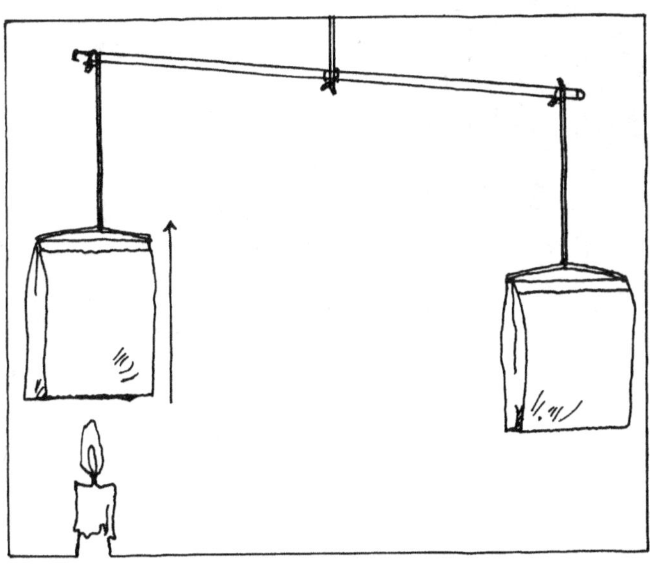

थंड पाणी - जड असतं?
गरम पाणी - हलकं असतं?

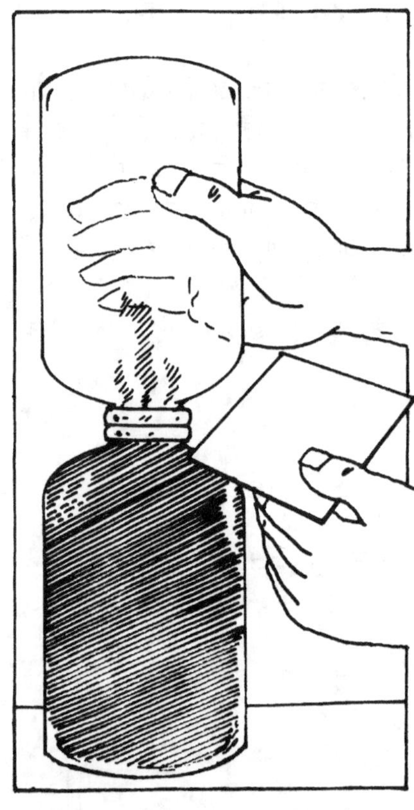

एका बाटलीत थोडीशी लाल शाई टाका. नंतर बाटलीमध्ये गरम पाणी ओता. आता दुसऱ्या बाटलीमध्ये थंड पाणी ओता. बाटलीवर जाड कागदाचा पुठ्ठा झाकण म्हणून ठेवा. पुठ्ठ्याला हाताचा आधार देऊन थंड पाण्याची बाटली उलटी करा. पुठ्ठ्यासकट गरम पाण्याच्या बाटलीवर ठेवा. बाटल्या एकमेकांवर व्यवस्थित बसल्या आहेत याची खात्री करून घ्या. मग अलगदपणे पुठ्ठा काढा. नीट लक्षं देऊन बघा.

खालच्या बाटलीतलं लाल रंगाचं गरम पाणी वरच्या बाटलीत शिरताना दिसेल.

याचं कारण गरम पाणी हलकं असतं. थंड पाणी जड असतं. गरम पाण्याचं विशिष्ट गुरुत्व थंड पाण्याच्या विशिष्ट गुरुत्वापेक्षा कमी असतं.

◆◆◆

५ लगेच उकळणारं पाणी

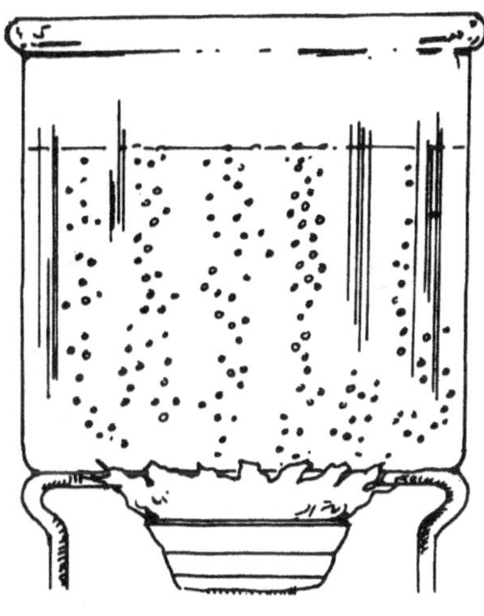

स्टोव्हवर ठेवलेल्या भांड्यातलं पाणी उकळलं हे कसं समजतं? त्यातून बुडबुडे येतात तेव्हा, होय ना?

पण ज्या पाण्यातून बुडबुडे येतात ते पाणी उकळलेलं असतंच असं नाही.

खोटं वाटत असेल तर एक प्रयोग करून बघा.

उष्णतारोधक काचेच्या भांड्यात अमोनिया वॉटर घ्या आणि स्टोव्हवर तापवायला ठेवा. स्टोव्हवर ठेवताच त्यातून बुडबुडे यायला लागतील. साधं पाणी उकळायला तर खूप वेळ लागतो. मग हे पाणी लगेच कसं काय उकळलं?

खरं तर ते पाणी उकळलेलं नसतंच. अमोनिया वॉटर म्हणजे त्यात अमोनिया असतो. पाण्याला थोडीशी उष्णता लागताच त्यातून अमोनिया वायू बुडबुड्यांच्या रूपाने बाहेर पडायला लागतो.

◆ ◆ ◆

उकळत्या पाण्यातला बर्फ

उकळत्या पाण्यात बर्फ टाकला तर?

बर्फ वितळून जाईल. होय ना?

तुम्हाला एक प्रयोग सांगतो. पाणी उकळत असतानाही त्यात टाकलेला बर्फ वितळणार नाही.

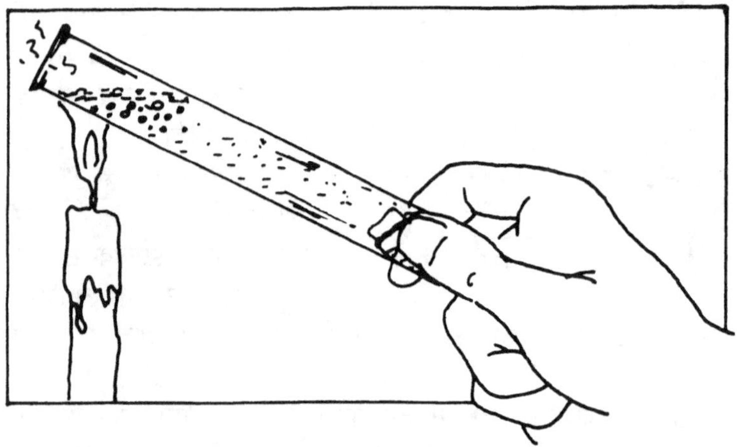

एक परीक्षानळी घ्या. पाऊण भाग पाणी भरा. नळीमध्ये बसेल असा बर्फाचा तुकडा घ्या. त्याला तार गुंडाळा आणि तुकडा नळीत टाका. तारेमुळे तो तळाशी बसेल.

आता नळी थोडीशी वाकडी करून पेटत्या मेणबत्तीवर पाण्याचा वरचा भाग तापवा. काही वेळाने वरचं पाणी उकळायला लागेल. पण तळाशी असलेला बर्फ वितळणार नाही.

◆ ◆ ◆

७ तुमची ताकद किती?

एक काचेची बाटली घ्या. त्याला बसेल असं बूच घ्या. बुचाला छिद्र पाडून त्यात काचेची नळी बसवा.

बाटलीमध्ये पाणी भरा. बूच लावा. काचेची नळी पाण्यात बुडायला हवी. आता काचेच्या नळीच्या वरच्या टोकाला रबरी नळी बसवा. तुमच्या सगळ्या मित्रांना बोलवा. रबरी नळीसकट बूच, काचेची नळी बाहेर काढा. रबरी नळीचं मोकळं तोंड आणि काचेच्या नळीचं आतलं तोंड टॉवेलनं स्वच्छ पुसण्याचं नाटक करा. मग पुन्हा बूच बाटलीला लावा. रबरी नळीचं मोकळं तोंड तोंडात धरून त्यातली हवा ओढून घ्या. बाटलीतलं पाणी काचेच्या नळीत वर चढेल.

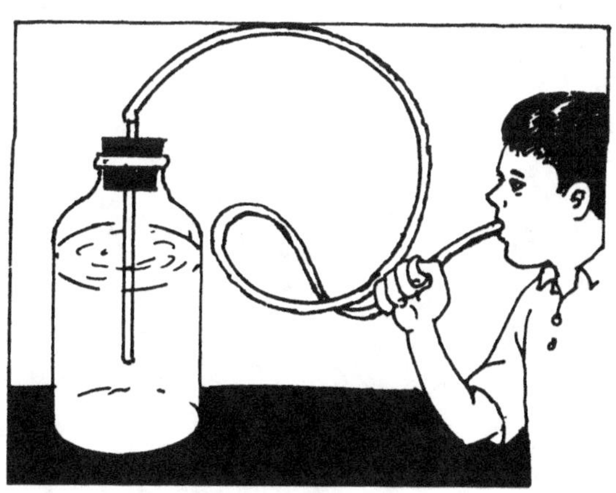

आता हाच प्रयोग तुमच्या मित्रांना करायला सांगा. वाटल्यास त्यांच्याशी पैज लावा. त्यांना हा प्रयोग करता येणार नाही.

लक्षात ठेवा. बूच काढून नळीचं खालचं टोक आणि रबरी नळीचं तोंडात धरायचं टोक टॉवेलनं पुसण्याचं काम आणि बूच पुन्हा बाटलीला बसवायचं काम तुम्हीच करायला हवं.

तुमच्या मित्रांना हे करायला सोपं वाटेल. पण नळीतून कितीही हवा ओढली तरी बाटलीतलं पाणी वर खेचता येणार नाही.

तुम्ही केलंत तर सहज खेचता येईल.

यात आश्चर्य काहीच नाही. नळी पुसण्याचं नाटक करून बूच जरा सैलच बाटलीला बसवा म्हणजे पाणी वर खेचता येईल.

मित्राला सांगताना मात्र (नळी पुसण्याचं नाटक करून) बूच घट्ट बसवा. त्यामुळे हवा बाहेरून आत जाणार नाही. त्यामुळे पाणी वर खेचता येणार नाही.

मित्रांना बोलावण्याआधी घरी तुम्ही एकट्याने सराव करून घ्या. म्हणजे ऐन वेळेस फजिती होणार नाही.

◆◆◆

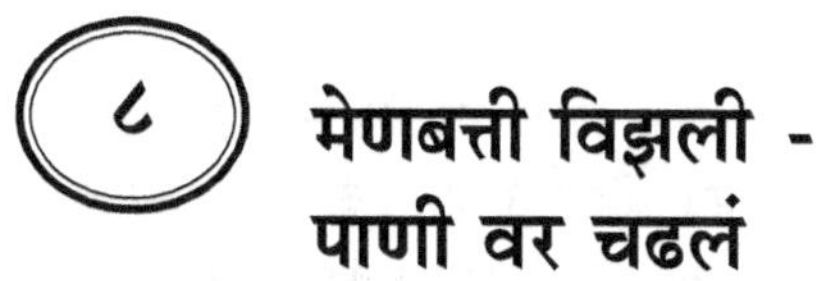

८ मेणबत्ती विझली –
पाणी वर चढलं

एका उथळ भांड्यामध्ये मेणबत्ती उभी करून ठेवा. भांड्यामध्ये पाणी ओता. मेणबत्ती पेटवा आणि दुधाची रिकामी बाटली उलटी करून मेणबत्तीवर ठेवा. मेणबत्ती आत राहील. बाटलीची मान पाण्यात बुडेल.

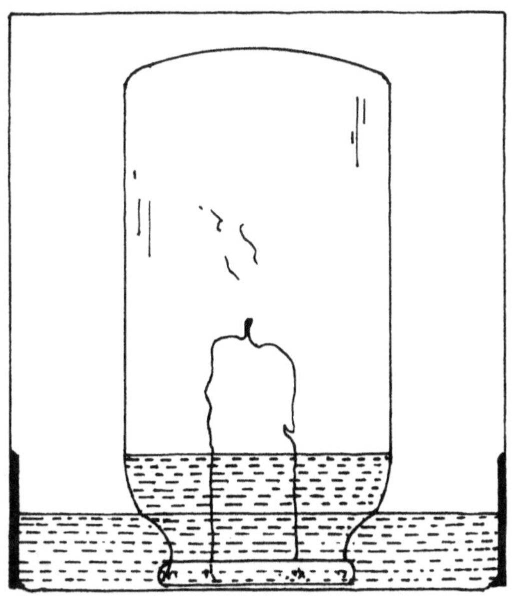

आता नीट लक्षं देऊन बघा.

काही वेळानं मेणबत्ती विझून जाईल. त्या बरोबर भांड्यातलं पाणी बाटलीमध्ये चढायला लागेल.

मेणबत्ती का विझली?

कोणतीही वस्तू जळण्यासाठी त्याला ऑक्सिजनची आवश्यकता असते. बाटलीमध्ये जेवढा ऑक्सिजन होता तितका वेळ मेणबत्ती जळत राहिली. ऑक्सिजन संपल्यावर मेणबत्ती विझली.

बाटलीमध्ये पाणी का शिरलं?

पेटत्या मेणबत्तीमुळे बाटलीतली हवा गरम झाली. गरम झालेली हवा प्रसरण पावते. मेणबत्ती विझल्यावर गरम झालेली हवा थंड होते. थंड हवा आकुंचन पावते. त्यामुळे बाटलीमध्ये पोकळी निर्माण होते. ती पोकळी भरून काढण्यासाठी पाणी वर चढतं.

◆ ◆ ◆

९ खाली वर नाचणारे ड्रॉपर

काचेचा ग्लास पाण्यानं भरा. पूर्ण काठोकाठ भरू नका. थोडीशी जागा ठेवा. शाई भरायचं ड्रॉपर घ्या. ड्रॉपर पाण्यामध्ये उभं राहील एवढंच त्यात पाणी भरा. ड्रॉपर पाण्यात उभं राहिल्याची खात्री झाल्यानंतर ग्लासावर फुगा ताणून घट्ट बसवा. ग्लासमध्ये कुठूनही हवा आतमध्ये जाऊ नये म्हणून रबरबँडने घट्ट बांधा.

आता ताणलेल्या रबरावर बोटांनी हलकेच दाब द्या. पाण्यातले ड्रॉपर खाली जाईल. जास्त दाब दिला तर एकदम तळाशी जाईल. बोटं काढली की ड्रॉपर पुन्हा वर येईल.

बोटांचा दाब दिल्यामुळे ग्लासात कोंडून राहिलेल्या हवेवर दाब पडतो. हवेचा दाब पाण्यावर पडतो. त्यामुळे पाणी ड्रॉपरमधल्या हवेला ढकलून आत शिरतं म्हणून ड्रॉपर खाली जातं. दाब काढला की ड्रॉपरमधलं पाणी पुन्हा बाहेर येतं. ड्रॉपर हलकं झाल्यामुळे वर जातं.

◆ ◆ ◆

१० एअरगन

लोखंडाची पोकळ नळी घ्या. त्याची दोन्ही तोंडं मोकळी हवीत किंवा फुंकणी घेतली तरी चालेल.

बटाट्याच्या चकत्या कापा. त्यातली एक चकती फुंकणीच्या समोरच्या तोंडात घट्ट बसवा. दुसरी चकती मागच्या तोंडात घट्ट बसवा.

आता नळी हातात धरून पेन्सिलीने मागची चकती नळीमध्ये ढकला. त्याबरोबर पुढची चकती गोळीसारखी बाहेर उडेल.

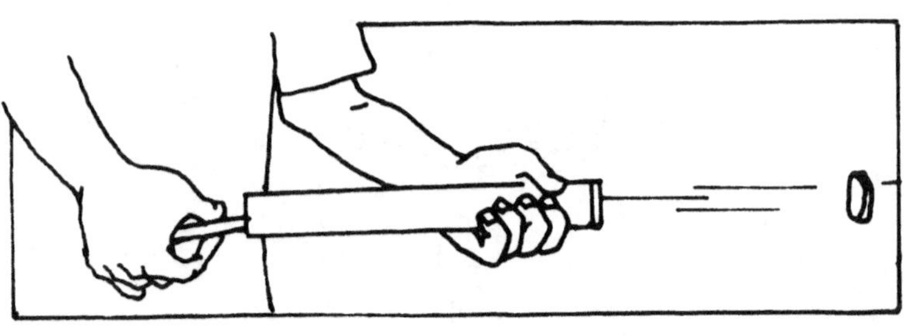

♦♦♦

११ ऑक्सिजन - प्राणवायू

ऑक्सिजनला प्राणवायू म्हणतात, कारण तो आपल्या शरीराला आवश्यक असतो. त्याच्याशिवाय आपण जगूच शकत नाही.

आपल्याभोवती जे वातावरण आहे त्यात १/५ भाग ऑक्सिजन असतो. ऑक्सिजन ज्वलनाच्या क्रियेतही भाग घेतो.

लोखंड गंजतं हे तुम्हाला माहीत असेलच. गंजणं ही क्रियासुध्दा एक मंदपणे जळण्याचीच क्रिया आहे आणि त्यासाठी ऑक्सिजनची आवश्यकता असते. हे सिध्द करण्यासाठी एक प्रयोग करा.

एक छोटीशी बाटली घ्या. त्यात लोखंडाचा चुरा पाणी आणि व्हिनेगारमध्ये भिजवून टाका. बाटलीच्या रबरी झाकणाला भोक पाडा. बाटलीला झाकण लावा. झाकणातून काचेची एक नळी बाटलीत घाला.

आकृतीत दाखवल्याप्रमाणे बाटली उलटी करून काचेच्या नळीचं बाहेरचं टोक पाण्यानं भरलेल्या ग्लासमध्ये ठेवा.

बाटलीमध्ये बंद असलेल्या हवेत जो ऑक्सिजन असतो तो ओलसर लोखंडाच्या चुऱ्याला मंदपणे जळण्यास मदत करतो. म्हणजेच लोखंडाचा चुरा गंजतो. बाटलीमधला ऑक्सिजन संपल्यावर जी पोकळी निर्माण होते, ती भरून काढण्यासाठी ग्लासमधलं पाणी नळीमध्ये चढतं. या पाण्यानं जेवढी जागा व्यापलेली असते ती बरोबर बाटली व काचेच्या नळीच्या जागेच्या १/५ इतकी असते.

या वरून वातावरणामध्ये ऑक्सिजन १/५ भाग असतो हे सिध्द होतं.

◆◆◆

१२ कार्बन-डाय-ऑक्साईड आगीचा शत्रू!

कार्बन-डाय-ऑक्साईड वायू हा हवेपेक्षा जड असतो आणि तो जळती मेणबत्ती विझवतो.

पण हे कसं सिध्द करणार?

काचेची एक बाटली घ्या. त्याचं झाकण काढा. झाकणाला छिद्र पाडा. शीतपेय पिण्यासाठी कागदाची किंवा प्लॉस्टिकची वाकडी असलेली नळी मिळते. ती झाकणाच्या छिद्रात घाला. नळीचा मोठा भाग बाहेर पाहिजे.

आता एक मोठं भांडं घ्या. त्यामध्ये एक अतिशय लहान, दुसरी मध्यम आणि तिसरी दोघीपेक्षा उंच अशा मेणबत्त्या उभ्या करा आणि पेटवा.

आता बाटलीमध्ये व्हिनेगार टाका. मग धुण्याचा सोडा टाका. बाटलीतून बुडबुडे यायला सुरुवात होईल. हाच कार्बन-डाय-ऑक्साईड वायू.

आता नळीसकट झाकण बाटलीला घट्ट बसवा. नळीचा मोठा भाग भांड्यात ठेवा.

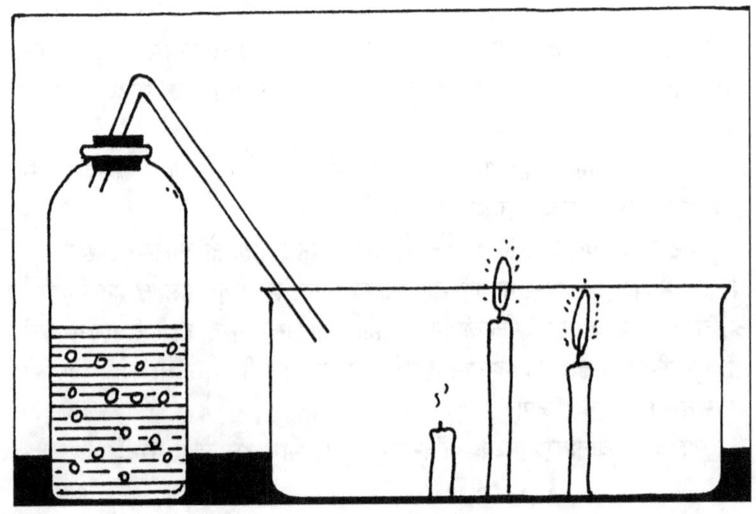

नळीवाटे कार्बन-डाय-ऑक्साईड वायू भांड्यात जाईल. नीट लक्षं देऊन बघा. सगळ्यात प्रथम लहान मेणबत्ती विझेल, मग मध्यम उंचीची विझेल. शेवटी सर्वात उंच मेणबत्ती विझेल.

कार्बन-डाय-ऑक्साईड वायू हवेपेक्षा जड असल्याने भांड्याच्या तळाशी बसतो. म्हणून आधी लहान मेणबत्ती विझते. वायूचं प्रमाण जसं जसं वाढायला लागतं, तसतशी एकेक मेणबत्ती विझायला लागते.

◆ ◆ ◆

नाचणारी छत्री

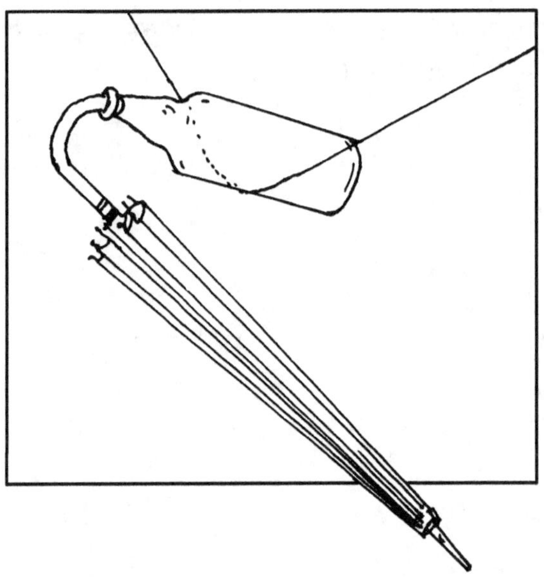

मजबूत दोरी घ्या. त्याच्यावर खडू घासा. समोरासमोर असलेल्या खिडक्यांना दोरी बांधा. दोरी ताठ बांधू नका. सैल असू द्या.

एका बाटलीमध्ये छत्रीचा वाकडा दांडा अडकवा आणि छत्रीसकट बाटली दोरीवर ठेवा. बाटलीचा तोल सांभाळण्यासाठी तुम्हाला बराच प्रयत्न करावा लागेल. पण एकदा का बाटली दोरीवर व्यवस्थित बसली की तुमचं काम झालं. आता दोरीला अलगद झोका द्या. बाटली पडणार नाही. उलट नाच करायला लागेल.

◆ ◆ ◆

१४ हवामानाचा अंदाज

रेडिओ आणि टीव्हीवर हवामानाचा अंदाज सांगतात. तुम्हालाही तसा अंदाज सांगता येईल.

त्यासाठी एक उपकरण घरीच तयार करा.

साहित्य - २५ सें.मी. लांब, २ सें.मी. व्यासाची काचेची नळी.

३० सें.मी. × २० सें.मी.ची लाकडी फळी, २ हुक्स, कॅंफर दोन ड्रॅम, पोटॅशियम नाईट्रेट ५ ड्रॅम, अमोनिया क्लोराईड ५ ड्रॅम, अल्कोहोल (निर्जल) २ औंस, डिस्टील्ड वॉटर २ औंस.

आता काचेची नळी बर्नरवर गरम करून तिचं एक तोंड बंद करा. लाकडी फळीवर हुक्स लावून नळी पक्की बसवा.

आता कॅंफर, पोटॅशियम नाईट्रेट, अमोनियम क्लोराईड, अल्कोहोल आणि डिस्टील्ड वॉटर एकत्र करून एकजीव होण्यासाठी तापवा. थंड झाल्यावर काचेच्या नळीमध्ये भरा. बूच घट्ट लावा.

तुमचं उपकरण तयार झालं. ते भिंतीला टांगून ठेवा. त्याच्या शेजारी खाली दिलेला तक्ता लावा.

लक्षणं	हवामानाचा अंदाज
१) नळीतल्या द्रवावर पृष्ठभागावर फर्न (नेचा)सारखी आकृती दिसली तर	थंड हवामान वादळ
२) फर्न आकृती तळाशी दिसली तर	तपमानात घट
३) फर्न दिसेनासं व्हायला लागलं तर	तपमानात वाढ
४) पृष्ठभागावर कण दिसायला लागले तर	वादळी हवामान

◆ ◆ ◆

तुमच्या खोलीमधल्या चित्राकडे बघून तुम्ही हवामानाचा अंदाज सांगितला तर तुमच्या मित्रांना नक्कीच आश्चर्य वाटेल.

एक पांढरा टिपकागद घ्या. दोन चमचे कोबाल्ट क्लोराईड आणि एक चमचा मीठ थोड्याशा पाण्यात मिसळा. विरघळल्यानंतर टिपकागद त्याच्यात बुडवा. पूर्ण भिजल्यानंतर वाळू द्या.

नंतर खोलीत एखादं निसर्गचित्रं असेल त्यातल्या आकाराच्या जागी हा टिपकागद चिकटवा.

पावसाळ्यात जेव्हा हवामान दमट होते तेव्हा हवेतील आर्द्रता हा टिपकागद शोषून घेतो आणि कागदाचा रंग गुलाबी होतो.

◆◆◆

१६ वाफेवर चालणारी बोट

पावडरचा रिकामा झालेला छोटा गोल डबा घ्या. त्याच्या झाकणाला चार-पाच छिद्र असतात. त्यातलं एकच छिद्र पाडलेलं असेल तर फारच चांगलं. सगळी छिद्रं मोकळी असतील तर प्लॅस्टिकचं झाकण घट्ट लावा.

आता डब्याच्या तळाला एक भोक पाडा आणि अर्धा भाग पाण्याने भरा.

डबा आडवा करा. दोन्ही बाजूला तारा लावून साबणाच्या केसवर आकृतीत दाखवल्याप्रमाणे स्टँड करून वर ठेवा. साबणाच्या केसमध्ये छोटी मेणबत्ती ठेवा आणि पेटवा.

ही तुमची बोट टबमधल्या पाण्यात सोडा. उष्णतेमुळे डब्यातलं पाणी गरम होईल. पाण्याची वाफ छिद्रातून बाहेर पडेल आणि तुमची बोट चालायला लागेल.

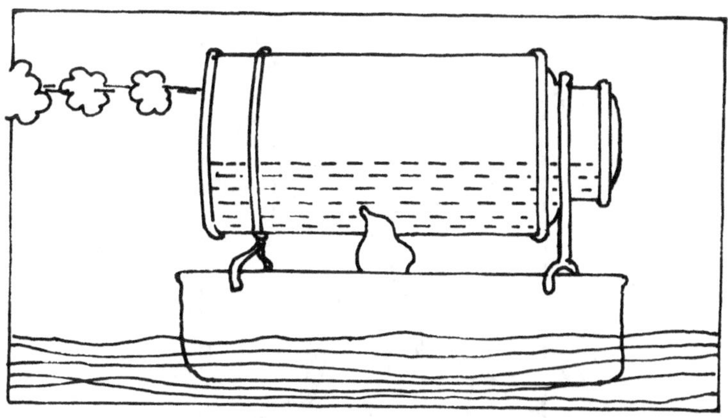

* * *

१७ खोलीमध्ये ढग

पावसाळ्यात आकाशामध्ये तुम्ही काळेपांढरे ढग पाहिले असतील. असा एखादा ढग तुम्हाला खोलीतच छताला तरंगताना दिसला तर?

करूनच बघा ना.

गोठवलेल्या मेथिलेटेड स्पिरीटची कांडी घ्या.

लाकडी मूठ असलेला लोखंडी अणकुचीदार टोचा घ्या. गॅसवर लाल होईपर्यंत तापवा.

एका हातात कांडी आणि दुसऱ्या हातात तापवलेला टोचा घ्या. टोचा कांडीला लावा.

त्याबरोबर पांढरा ढग तयार होईल आणि वर तरंगायला लागेल.

◆◆◆

१८ धूर खाली जातो

कोणतीही वस्तू जाळल्यानंतर त्याचा धूर वर जातो हे तुम्ही पाहिलं असेलच. पण खाली जाणारा धूर तुम्ही पाहिला आहे का?

एक बूटांचा बॉक्स घ्या. त्याच्या वरच्या झाकणाला चिमणीच्या काचा घट्ट बसतील अशी भोकं पाडा. चिमणीच्या काचा मिळाल्या नाहीत तरी काळजी करू नका. पावडरचे रिकामे डबेसुध्दा चालतील. फक्त त्याच्या वरच्या आणि खालच्या बाजूची झाकणं काढून टाकायला हवीत.

आता खोक्यामध्ये मेणबत्तीचा लहानसा तुकडा उजव्या चिमणीच्या छिद्राखाली ठेवा. मेणबत्ती पेटवा. झाकण लावा. दोन्ही छिद्रात चिमण्यांच्या काचा घट्ट बसवा. झाकणांच्या फटीतून हवा आत जाऊ नये म्हणून चारी बाजूला चिकटपट्ट्या लावा.

आता एक उदबत्ती पेटवा आणि डाव्या चिमणीच्या काचेवर धरा. उदबत्तीचा धूर वर जाण्याऐवजी खाली चिमणीच्या काचेत जाईल.

मेणबत्ती पेटवल्याने खोक्यातील हवा गरम होते. त्यामुळे हलकी होते आणि वर निघून जाते. त्याची जागा घेण्यासाठी बाहेरची थंड हवा आत घुसते. खोका पूर्णपणे बंद केल्यामुळे थंड हवेला आत घुसण्याचा केवळ एकच मार्ग उरलेला असतो. डाव्या बाजूच्या चिमणीच्या काचेतून हवा आत घुसते. उदबत्तीचा धूरही त्यासोबत आत जातो.

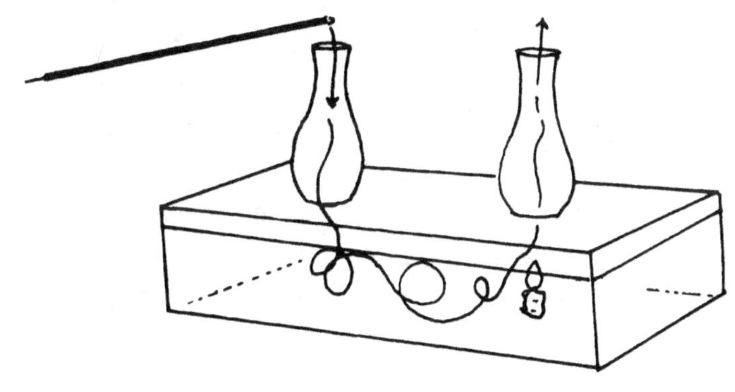

न तापवता पाणी उकळते

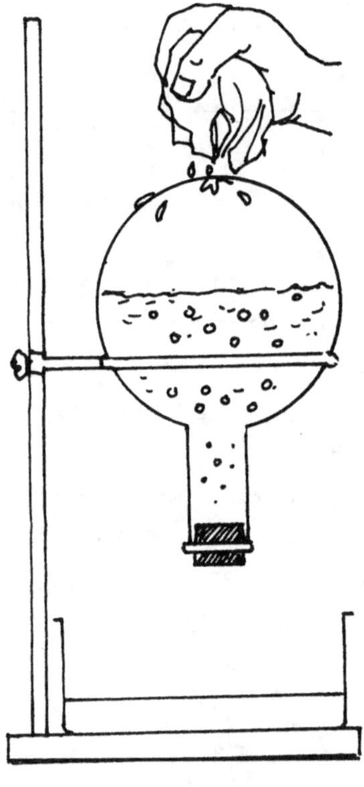

१००° सें. तपमानाला पाणी उकळतं हे तुम्हाला माहीत आहेच. पण ते तितकसं खरं नाही. सर्वसामान्य परिस्थितीत आणि समुद्रसपाटीला पाणी १००° सें. तपमानाला उकळतं.

समुद्रसपाटीपासून तुम्ही जसजसे वर जाल, तसतसं पाणी कमी तपमानाला उकळतं. कारण तिथे हवेचा दाब कमी असतो.

समुद्रसपाटीच्या खाली गेलात तर हवेचा दाब जास्त असल्याने पाणी उकळायला जास्त उष्णता लागते.

हे सिध्द करण्यासाठी एक प्रयोग करा.

काचेच्या चंबूमध्ये पाणी भरा. बर्नरवर ठेवून पाणी गरम करा. ते उकळायला लागलं की खाली ठेवा. पाणी उकळणं पूर्णपणे बंद झाल्याची खात्री करून घ्या. पाणी अगदी स्थिर झालं म्हणजे त्याला बूच घट्ट लावा. आकृतीत दाखविल्याप्रमाणे चंबू उलटा करून स्टँडला लावा आणि थंड पाणी त्यावर शिंपडा.

चंबूवर थंड पाणी पडताच आतलं गरम पाणी पुन्हा उकळायला सुरुवात होते.

थंड पाण्यामुळे आतल्या वाफेचं रूपांतर पुन्हा पाण्यामध्ये होतं. त्यामुळे पाण्यावरचा हवेचा दाब कमी होतो. म्हणून तपमान कमी असतानाही पाणी उकळायला लागतं.

◆◆◆

२० मेणबत्तीच्या ज्योतीचं रहस्य

कागद मेणबत्तीच्या ज्योतीवर धरला तर काय होईल? कागद जळून जाईल. पण कधीकधी कागद जळत नाही. फक्त तो कसा धरायचा ते शिकायला हवं. मेणबत्तीच्या ज्योतीवर कागदाचा तुकडा बरोबर जमिनीशी समांतर असा धरा. शिवाय ज्योतीच्या इतक्या जवळ धरा की त्यामुळे अर्धी ज्योत दबून जाईल.

अशा पध्दतीने कागद दोन किंवा तीन सेकंदच धरा. नंतर बाजूला काढा. कागद नीट बघा. ज्योतीनं जळालेला वर्तुळाकृती डाग दिसेल. परंतु आश्चर्य म्हणजे वर्तुळाचा मध्यभाग अजिबात जळलेला दिसणार नाही.

याचा अर्थ ज्योत बाहेरच्या बाजूने जास्त गरम असते. आतमध्ये, म्हणजे मध्यभागी थंड असते.

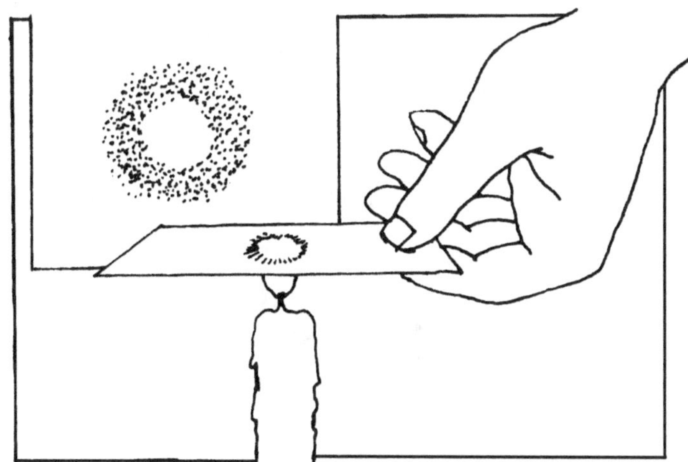

कागदाच्या भांड्यात पाणी तापवा

पाणी गरम करण्यासाठी तुम्ही कोणतं भांडं वापरता? स्टीलचं? पितळ्याचं? कधी कागदाचं भांडं वापरलंय? तुम्हाला वाटेल कागदाच्या भांड्यात पाणी कसं तापेल? करूनच बघा ना.

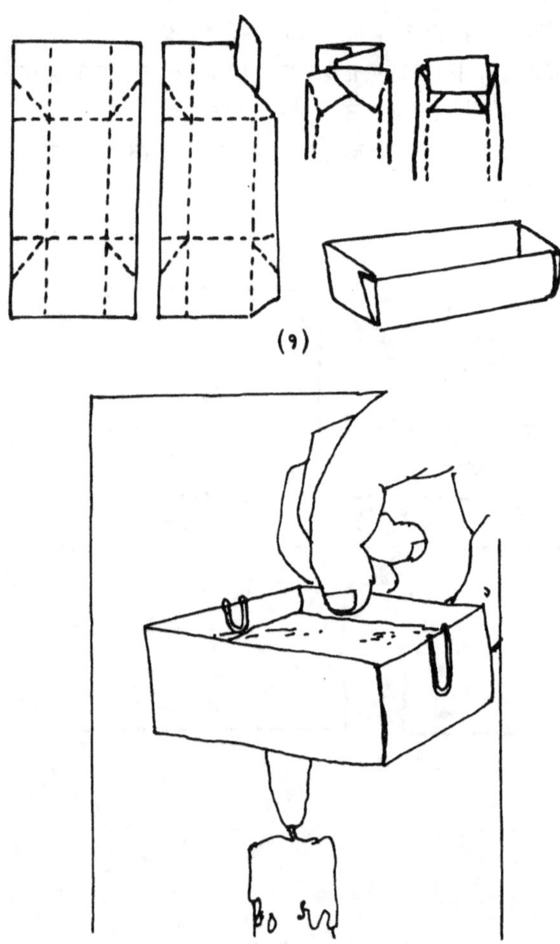

पेपर क्लिपच्या साह्याने कागदाचं एक पसरट भांडं तयार करा. त्यामध्ये पाणी भरा. मेणबत्ती पेटवून भांडं त्यावर धरा. लक्षात ठेवा ज्योत फक्त तळालाच लागलेली हवी. थोड्याच वेळात पाणी उकळायला लागेल. परंतु कागद जळणार नाही.

कारण कागदाला जेवढी उष्णता लागते तेवढी पाणी गरम करण्यासाठी खर्च होते. पाणी 212° F तपमानाला उकळतं हे तुम्हाला माहीत आहेच. कागद पेटण्यासाठी यापेक्षाही जास्त तपमान लागतं. म्हणून कागदाच्या भांड्यातलं पाणी उकळतं पण कागद जळत नाही.

♦ ♦ ♦

२२ दृष्टीभ्रम

पुस्तकाचं हे पान दोन्ही हातात धरा. आकृतीकडे पाहात पुस्तक उजव्या बाजूने गोल फिरवण्यास सुरुवात करा.

बाहेरची काळी चाकंसुध्दा उजव्या बाजूला फिरताना दिसतील. आतलं पांढरं चाक मात्र डाव्या बाजूने फिरताना दिसेल.

◆◆◆

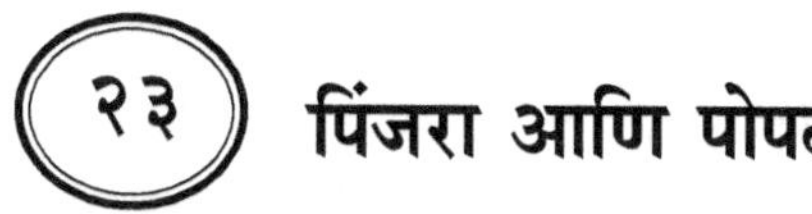

२३ पिंजरा आणि पोपट

एका कागदावर छानपैकी एक पोपट काढा. रंगवा. त्याच्याच शेजारी दोन ते अडीच सें.मी. अंतरावर एक मोठा पिंजरा काढा. दोघांच्यामध्ये एक रेष ओढा.

आता पत्त्याच्या कॅटमधला एक पत्ता घ्या. पत्ता आडवा करून त्याची कडा त्या रेषेवर ठेवा. पत्ता सरळ धरून ठेवा आणि वरच्या कडेवर चेहरा आणून पत्त्याला नाक लावा. दोन्ही चित्रांकडे पहा. पोपट पिंजऱ्यामध्ये गेलेला दिसेल.

♦ ♦ ♦

२४ चिमणी - पिंजऱ्याच्या आत का बाहेर

जाड पुठ्ठ्याचा एक चौकोनी तुकडा घ्या. त्याच्या एका भागावर छोटीशी चिमणी काढा. दुसऱ्या भागावर चिमणी आत बसेल एवढा रिकामा पिंजरा काढा. आता पुठ्ठ्याला डाव्या उजव्या बाजूला भोकं पाडून दोऱ्या किंवा रबर लावा.

पुठ्ठा फिरवून दोऱ्यांना पिळ द्या. दोन्ही हातात दोऱ्या धरा. पिळ सुटताना पुठ्ठा स्वत:भोवती गरगर फिरेल. त्यावेळेस नीट लक्षं देऊन बघा. चिमणी पिंजऱ्यात बसलेली दिसेल.

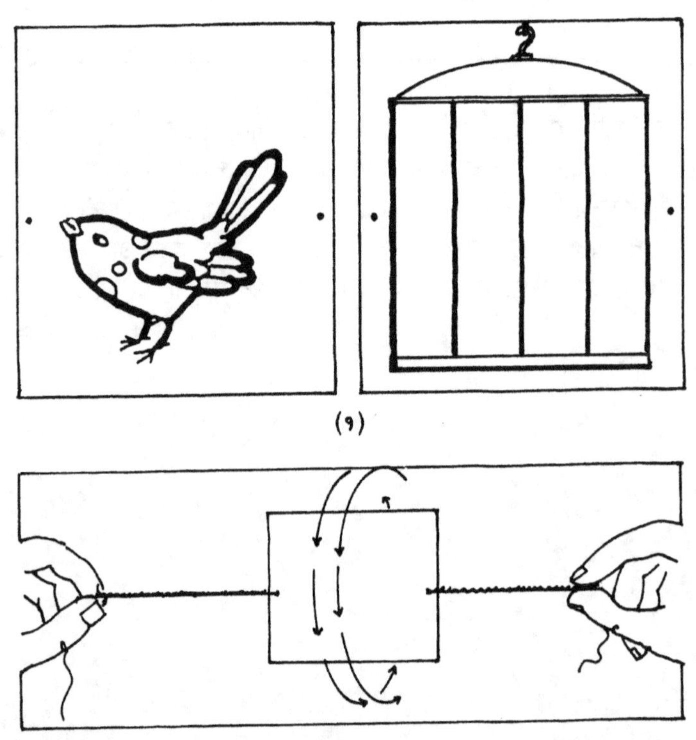

(१)

कोणतीही वस्तू बघताना त्याची प्रतिमा आपल्या डोळ्यांच्या पडद्यावर १/१०
सेकंद इतका वेळ राहाते. पुठ्ठा इतका वेगाने फिरत असतो की चिमणीची प्रतिमा
डोळ्याच्या पडद्यावर पुसून जाण्याआधीच पिंजऱ्याची प्रतिमा डोळ्यावर पडते.
त्याचा एकत्रित परिणाम म्हणून चिमणी पिंजऱ्यामध्ये बसलेली दिसते.

सिनेमाच्या पडद्यावर चित्रं हलताना दिसतात तिथेही हेच तत्त्व असतं.

◆ ◆ ◆

अदृश्य रंगीत चित्र

तुमच्या मित्रांना कोरा कागद दाखवा. नंतर तो मेणबत्तीवर क्षणभर धरा. कागदावर रंगीत चित्र उमटेल.

पण त्यासाठी आधी तुम्हाला भरपूर तयारी करावी लागेल. तीन झाकणांमध्ये ॲसिटिक ॲसिड टाका. थोडंसं पोटॅशियम नाईट्रेट टाका. मग एका झाकणात कोबाल्ट क्लोराइड टाका. दुसऱ्या झाकणात कोबाल्ट ॲसिटेट आणि तिसऱ्या झाकणात कोबाल्ट ऑक्साईड टाका. चांगलं विरघळू द्या.

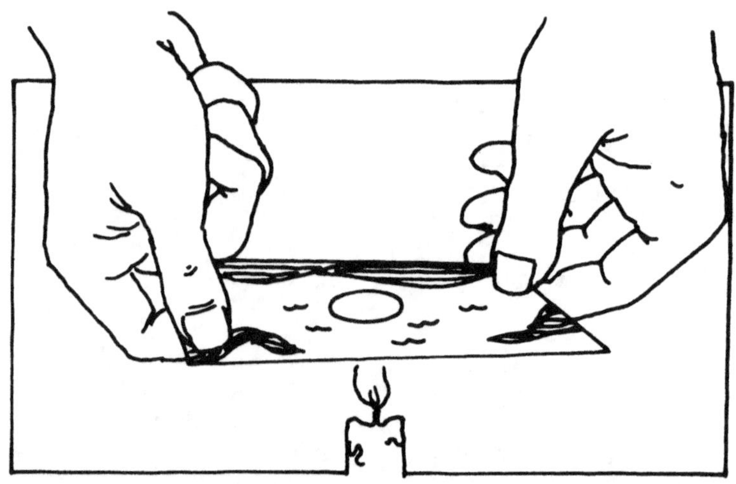

आता एक कोरा कागद घ्या. तीन ब्रश घ्या. लक्षात ठेवा. ब्रशची अदलाबदल करू नका. कागदावर एका ब्रशने रंगवणं झालं की दुसऱ्या ब्रशने रंगवा मग तिसऱ्या. पण आणखी एक गोष्ट लक्षात ठेवा. कागदावरसुध्दा हे रंग एकमेकात मिसळायला नको.

झाकणामध्ये जी द्रावणं आहेत ती अगदी पाण्यासारखी रंगहीन आहेत. म्हणून ब्रशचा आणि रंगाचा घोटाळा करू नका. कागदाच्याखाली हवं तर एखादं चित्र ठेवा. मग वरच्या कागदावर नुसतं रंगवा.

आता कागद वाळला म्हणजे मेणबत्तीच्या ज्योतीवर धरा. त्याबरोबर रंगीत चित्र

दिसायला लागेल.

उष्णतेमुळे कोबाल्ट क्लोराईडचा हिरवा रंग, कोबाल्ट ॲसिटेटचा निळा आणि कोबाल्ट ऑक्साईडचा गुलाबी रंग उमटेल.

◆◆◆

जादूचं चित्रं

एका पुठ्ठ्यावर माणसाचा चेहरा काढा. कात्रीने कापा आणि दुसऱ्या पुठ्ठ्यावर चिकटवा. चेहऱ्याच्या रेषांशेजारी तांब्याची तार लावा. तांब्याच्या तारेलासुध्दा चेहऱ्याचा आकार येईल. तारसुध्दा चिकटवा. त्याची दोन टोकं बाहेर आली पाहिजेत. आता या पुठ्ठ्यावर आणखी एक पुठ्ठा चिकटवा म्हणजे वरून चेहरा दिसणार नाही.

पुठ्ठ्यामधून खाली आलेल्या दोन तारा सेलला जोडा. पुठ्ठ्यावर लोखंडाचा चुरा टाका आणि पुठ्ठ्यावर हलकेच टिचकी मारा. त्याबरोबर लोखंडाच्या चुऱ्याची रचना माणसाच्या चेहऱ्यासारखी होईल.

तारा आणि सेल या गोष्टी लपवता आल्या तर जादूमध्ये आणखी भर पडेल.

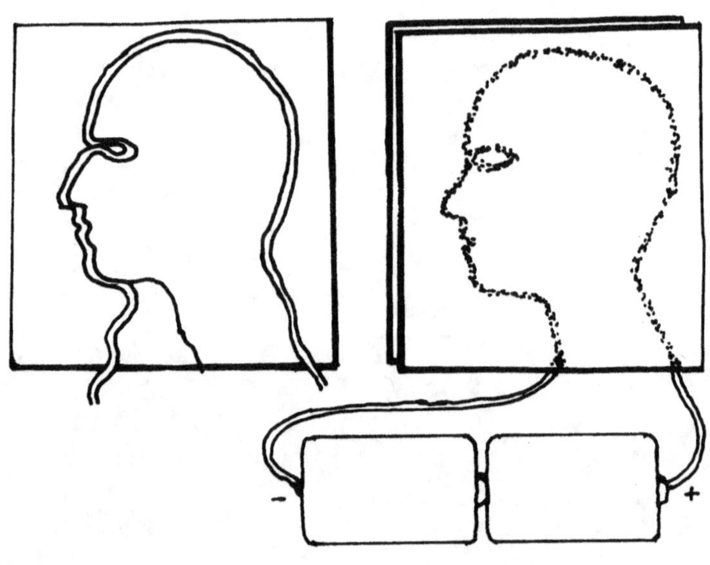

(२७) जादूचं चित्रं

काचेचा एक चौकोनी तुकडा घ्या. ब्रश ग्लिसरिनमध्ये बुडवून हरणाचं चित्रं काढा.

आता एक बूच घ्या. त्याचे अतिशय बारीक तुकडे करा. त्याचा चुरा व्हायला हवा. हा चुरा पुस्तकावर पसरून ठेवा.

चित्राची बाजू खाली करून काचेचा तुकडा चुऱ्यावर अंतर ठेवून धरा. काचेच्या वरच्या भागावर लोकरी कापडानं जोरजोरात घासा. विद्युत शक्ति निर्माण होईल. त्यामुळे चुरा काचेकडे ओढला जाईल.

ग्लिसरिनमुळे तो चिकटून बसेल. बाकीचा चिकटलेला चुरा फुंकर मारून साफ करा. हरणाचं चित्र तयार.

हा सगळा प्रयोग मित्रांसमोर करा. काचेवरचं चित्रं मात्र आधीच काढून तयार ठेवा.

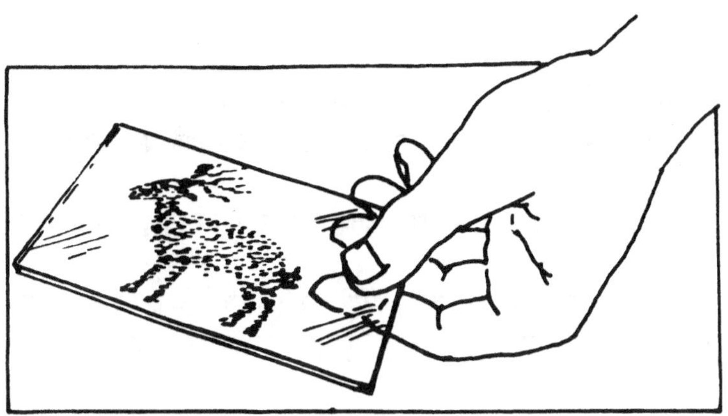

 **आपोआप मागे येणारा डबा**

आकृतीचा नीट अभ्यास करा.

पत्र्याच्या गोल डब्याला तळाला आणि झाकणाला समोरासमोर येतील अशी छिद्र पाडा. तळाला दोन आणि झाकणाला दोन. आता तळाच्या वरच्या छिद्रातून रबरबँड आत घाला. झाकणाच्या खालच्या छिद्रातून बाहेर काढा. वरच्या छिद्रातून

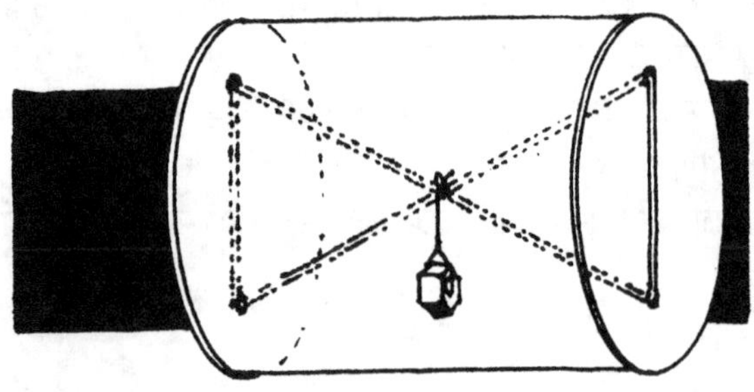

आतमध्ये घालून तळाच्या खालच्या छिद्रातून बाहेर काढा.

डब्यामध्ये रबरबँड एकमेकांना छेद देतील. तळाच्या बाहेरची रबराची टोकं त्यांना गाठ मारा.

डब्यामध्ये जिथे छेद जातो त्या बिंदूवर एक नट दोरीने बांधून टांगून ठेवा. झाकण पक्कं लावा.

बाहेरचे रबरबँड दिसू नयेत म्हणून डब्याला रंगीत कागद चिकटवा. आता डबा आडवा ठेवून पुढं ढकला. काही अंतर पुढे गेल्यावर तो डबा आपोआप मागे तुमच्याकडे येईल.

डबा घरंगळत जाताना आतमध्ये टांगून ठेवलेला नट सतत खालीच राहण्याचा प्रयत्न करतो. त्यामुळे रबराला पीळ बसतो. पीळ उलगडत असताना डबा मागे येतो.

◆ ◆ ◆

२९ नाचणारी बाहुली

पातळ कागदावर नाचणाऱ्या बाहुलीचं चित्र काढून कापा. बाहुलीची उंची पुस्तकाच्या रुंदीपेक्षा कमी असायला हवी.

दोन पुस्तकं अंतर ठेवून समोरासमोर ठेवा. त्यावर काचेचा तुकडा ठेवा.

बाहुलीचे पाय वाकवा आणि बाहुली काचेच्या खाली ठेवा. आता काचेवर रेशमी कपड्याने जोरजोरात घासा. विद्युत शक्ती निर्माण झाल्यामुळे बाहुली काचेकडे आकर्षित होईल. परंतु काचेला चिकटल्यामुळे बाहुलीपण विद्युतभारित होईल. त्यामुळे ती पुन्हा खाली जाईल. रेशमी कापड पुन्हा घासा. पुन्हा बाहुली नाचत वर येईल.

३० नाचणाऱ्या डांबराच्या गोळ्या

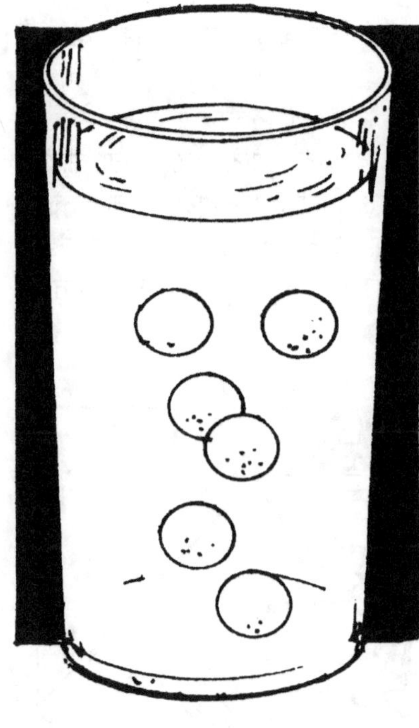

काचेच्या ग्लासमध्ये पाणी भरा. त्यात दोन-तीन चमचे व्हिनेगार टाका. थोडासा सोडा टाका. मिश्रण ढवळा.

आता ग्लासमध्ये डांबराच्या गोळ्या टाका. त्या खाली जातील. काही वेळाने त्या पुन्हा तरंगत वर येतील. पुन्हा खाली जातील. बराच वेळ त्या असं वर-खाली नाचत राहातील.

व्हिनेगार आणि सोडा यांच्या मिश्रणामुळे कार्बन-डाय-ऑक्साईड वायू तयार होतो. पाण्यामध्ये जे बुडबुडे दिसतात ते याचेच.

डांबराच्या गोळ्या तळाशी गेल्यावर हे बुडबुडे गोळ्यांना चिकटतात आणि त्यांना वर घेऊन जातात. पृष्ठभागावर आल्यानंतर बुडबुडे फुटतात म्हणून गोळ्या पुन्हा खाली जातात. कार्बन-डाय-ऑक्साईड तयार होईपर्यंत डांबराच्या गोळ्या अशाच वर-खाली नाचत राहातील.

◆◆◆

कागदाचा साप

आकृतीत दाखविल्याप्रमाणे सापाचं वेटोळं काढा. त्याच्या मधोमध एक छिद्र पाडा. आता सापाच्या तोंडापासून ब्लेडने रेषेवर कापायला सुरुवात करा. शेपटापर्यंत कापल्यावर सापाचं वेटोळं ओढा. मोकळं होईल.

रिकामं झालेलं दोऱ्याचं रीळ घ्या. त्यामध्ये पेन्सिलीचं टोक घालून पेन्सिल उभी करा. सापाची शेपटी एका पिनेत अडकवा. पिन पेन्सिलमध्ये उभी करा. पिनवर रबरी झाकण (इंजेक्शनच्या बाटलीचं) खोचून ठेवा.

सापासकट रिळाचा स्टँड टेबलावर ठेवा.

टेबलाच्या खाली जमिनीवर स्टोव्ह पेटवा. भोवतालची हवा गरम झाल्यावर हलकी झाल्याने वर जाईल. त्याबरोबर पेन्सिलीभोवती साप फिरायला लागेल.

टेबल-लॅम्पच्यावर थोडंसं अंतर ठेवून साप दोरीला टांगता आला तर फारच चांगलं. लॅम्प पेटवल्यावर काही वेळाने साप गरगर फिरायला लागेल.

◆◆◆

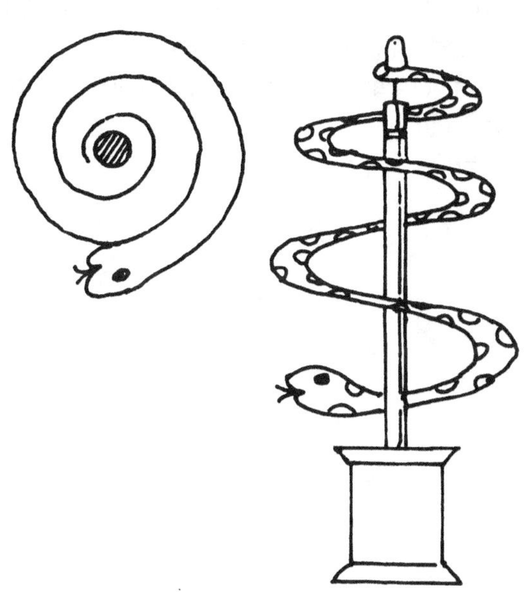

३२   हाताची नाडी कशी उडते बघा

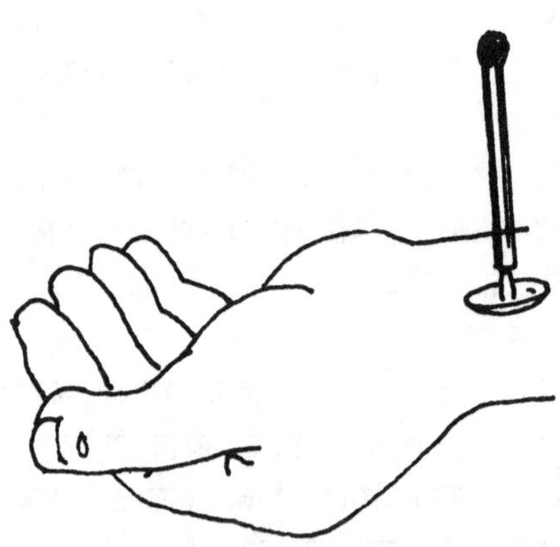

तुम्ही डॉक्टरांकडे गेलात की ते सगळ्यात आधी तुमचा हात हातात घेतात. मनगटावर बोटं ठेवतात आणि तुमची नाडी तपासतात.

आपलं हृदय म्हणजे पाणी खेचण्याच्या पंपासारखं आहे. शरीरामध्ये रक्तवाहिन्या आहेत, ज्यांमधून हे रक्त सगळ्या भागांना पुरवलं जातं. त्यासाठी हृदयाची मोटार सारखी धडधडत असते.

ही धडधड रक्तवाहिन्यांमध्येसुद्धा पसरते. मनगटावरची नाडी म्हणजे अशीच एक रक्तवाहिनी असते. त्यावर बोट ठेवलं की हृदयाचं काम व्यवस्थित आहे की नाही हे समजतं. ही नाडी कशी उडते हे तुम्हाला बघायचं आहे?

काड्याच्या पेटीतील काडी घ्या. त्याला एक ड्रॉईंग पिन खोचा आणि आकृतीत दाखविल्याप्रमाणे मनगटाच्या नाडीवर ठेवा. काडी जर बरोबर नाडीवर ठेवली तर ती मागेपुढे डोलायला लागते.

◆◆◆

रंग उष्णता शोषून घेतात

रंगाचा आणि उष्णतेचा काही संबंध आहे का? काही रंग उष्णता शोषून घेतात. काही रंग उष्णता शोषून घेत नाहीत. हे खरं आहे का? प्रयोगच करून बघा ना.

बर्फाची एक मोठी लादी घ्या. त्यावर पांढऱ्या रंगाचे, काळ्या रंगाचे, निळ्या रंगाचे आणि पिवळ्या रंगाचे चौकोनी कापड आकृतीत दाखविल्याप्रमाणे ठेवा. बर्फ उन्हामध्ये ठेवा.

सूर्याच्या उष्णतेमुळे बर्फ वितळायला लागेल. साधारण अर्ध्या-पाऊणतासानंतर कापडं काढून बघा. बर्फ सगळीकडे सारख्याच प्रमाणात वितळला नाही असं दिसेल.

काळ्या रंगाच्या कापडाखाली बर्फ जास्त वितळलेला दिसेल. कारण काळा रंग उष्णता शोषून घेतो.

पांढऱ्या रंगाच्या कापडाखाली बर्फ सर्वात कमी वितळलेला दिसेल. कारण सूर्याची किरणं त्यावरून सर्वात जास्त परावर्तित होतात. म्हणूनच उन्हाळ्यात पांढरे कपडे घातले तर उन्हाचा चटका जाणवत नाही.

◆◆◆

३४ गोड खाणारी काडी

बादलीमध्ये पाणी भरा. बादलीमधलं पाणी अगदी शांत, स्थिर होऊ द्या. नंतर काड्याच्या पेटीतील काडी पाण्यात टाका.

नंतर एक साखरेचा ठोकळा घ्या. ठोकळा नाही मिळाला तर फडक्यामध्ये साखर घालून त्याची पुरचुंडी बांधा. दोरीला टांगून पाण्यात सोडा. साखरेची पुरचुंडी अर्धी पाण्यात बुडायला हवी. हे सगळं करताना पाणी अगदी स्थिर असायला हवं.

थोड्या वेळानं काडी पुरचुंडीकडे सरकायला लागेल.

साखर पाण्यामध्ये विरघळते. साखरेचं पाणी साध्या पाण्यापेक्षा जड असल्यामुळे ते जायला लागतं. त्याची जागा भरून काढण्यासाठी सगळ्या बाजूनं पाणी वर यायला लागतं. त्यामुळे काडी साखरेकडे सरकायला लागते.

◆◆◆

३५   कुंड्यांना पाणी कोण घालणार?

तुमच्या हॉलमध्ये झाडं लावलेल्या दोन-तीन कुंड्या तरी असतील. त्याला तुम्ही रोज पाणीसुध्दा घालत असाल.

दिवाळीच्या किंवा उन्हाळ्याच्या सुट्टीत तुम्ही घर बंद करून गावाला गेलात तर कुंड्यांना पाणी कोण घालणार?

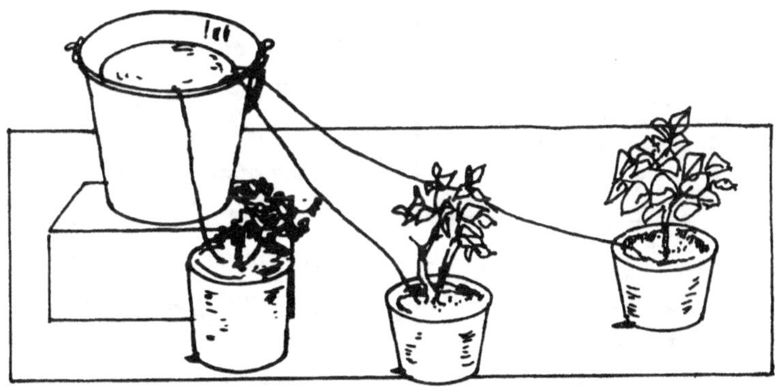

काळजी करू नका. तुम्हाला एक युक्ती सांगतो.

बादली भरून पाणी घ्या. एका उंच स्टुलावर ठेवा. सगळ्या कुंड्या खाली ठेवा. आता एक लांबलचक दोरा घ्या. त्याचं एक टोक बादलीमध्ये तळापर्यंत बुडवा. दुसरं टोक कुंडीमध्ये ठेवा.

बादलीमधलं पाणी हळुहळू दोरीवर चढेल. मग दोरीवाटे खाली सरकून थेंब थेंब असं कुंडीत सतत पडत राहील.

दोऱ्यावाटे पाणी जे वर चढतं त्याला केशाकर्षण म्हणतात.

लक्षात ठेवा. प्रत्येक कुंडीला वेगळा दोरा हवा. बादली एकच असली तरी चालते.

◆ ◆ ◆

३६ रंगीत कारंजी

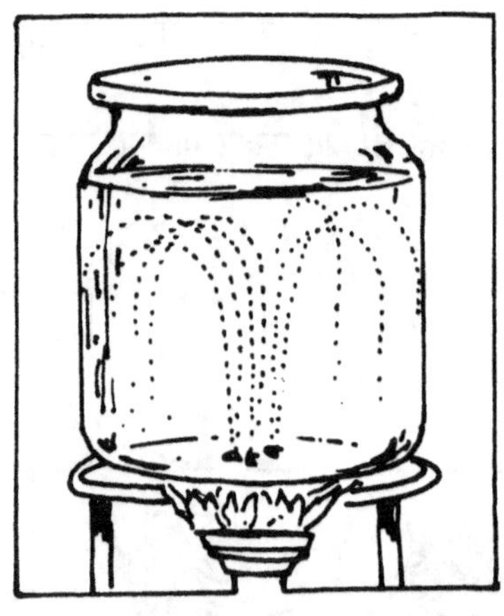

जेव्हा आपण पाणी तापवतो तेव्हा भांड्याच्या तळाचाच भाग गरम होतो. खरं तर तेवढ्या भागातलंच पाणी तापायला हवं. पण तसं होत नाही. भांड्यातलं संपूर्ण पाणी गरम होतं.

हे नेमकं कसं होतं त्यासाठी एक प्रयोग करून बघा.

काचेच्या भांड्यामध्ये पाऊण भाग पाणी भरा. त्यामध्ये जलरंगाचे (वॉटर कलर) निरनिराळ्या रंगाचे बारीक तुकडे टाका आणि भांडं बर्नरवर तापायला ठेवा.

तळाचं पाणी गरम झाल्याबरोबर रंगीत तुकड्यांमधून कारंजी वर उठतील आणि कमान करून काचेच्या भांड्याला आतून स्पर्श करतील.

कारण - तळातलं पाणी गरम झालं की ते हलकं होतं. पाण्याचे रेणू वर जायला लागतात. त्या बरोबर त्यांची जागा घेण्यासाठी वरच्या बाजूला असलेलं थंड पाणी खाली येतं. ते तापलं म्हणजे वर जातं.

अशा पध्दतीनं भांड्यातलं सगळं पाणी गरम होतं.

पाणी वर जाताना रंगही घेऊन जातं म्हणून कारंजी दिसतात.

◆◆◆

३७ जादूचं फुलपाखरू

तुमच्या बोटावर अलगदपणे बसणारं फुलपाखरू हवंय? मग ते घरीच तयार करा.

जाड पुठ्ठ्यावर फुलपाखरू काढून ते कापा. त्याला पांढरा कागद चिकटवा. त्याला फुलपाखरासारखे रंगवा.

आकृतीत दाखविल्याप्रमाणे फुलपाखराच्या मागे पंखावर एकेक नाणं चिकटवा. मधोमध उभी काडी लावा. त्याचं वरचं आणि खालचं टोक किंचित बाहेर आलं पाहिजे.

आता ही दोन नाणी जर तुम्ही बरोबर चिकटवली असतील तर त्याचा गुरुत्वमध्य फुलपाखराच्या डोक्यामधून जाईल. त्यामुळे हे फुलपाखरू तुमच्या बोटावर सहज उभं राहील.

◆ ◆ ◆

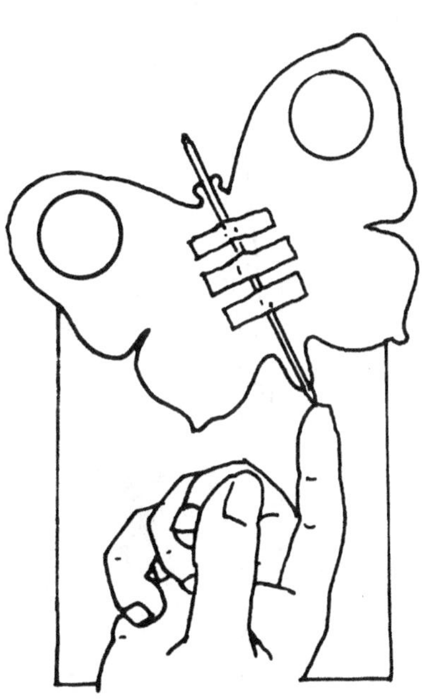

३८ नाचणारी पेन्सिल

घडीचा चाकू घ्या. चाकूचं पातं उघडून त्याचा नव्वद अंशाचा कोन करा. आता टोकदार पेन्सिल घ्या. चाकूचं पातं टोकाच्या वर पेन्सिलीच्या लाकडात खुपसून ठेवा.

आकृतीत दाखवल्याप्रमाणे पेन्सिल टेबलाच्या कोपऱ्यावर उभी करा. ती उभी राहात नसेल तर चाकूच्या पात्याचा कोन लहान-मोठा करा. प्रयत्न केल्यास पेन्सिल तोल सांभाळून उभी राहते.

नुसतीच उभी राहात नाही तर चाकूसकट नाचसुध्दा करते.

♦♦♦

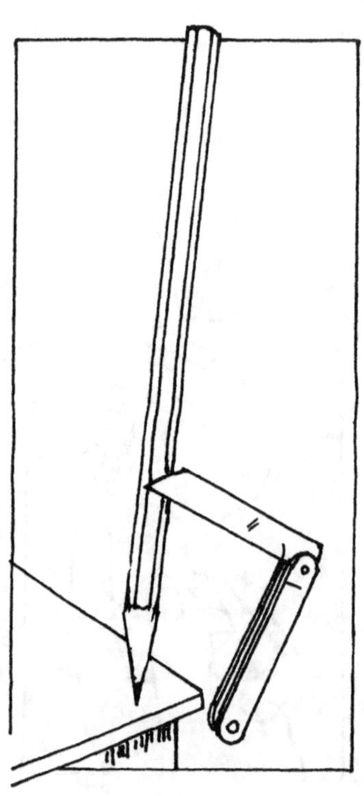

३९ दोन सफरचंद जवळ येतात

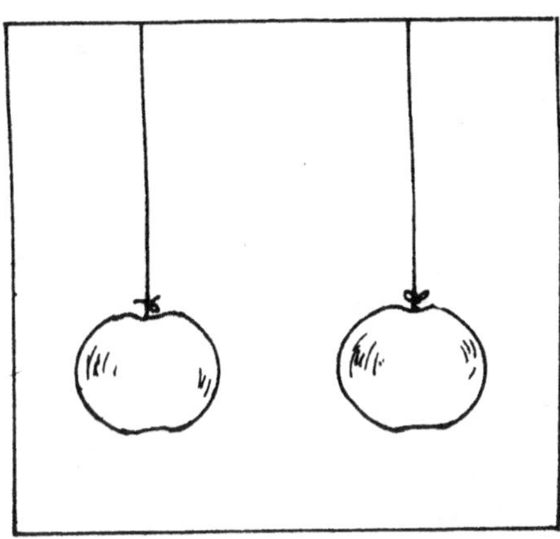

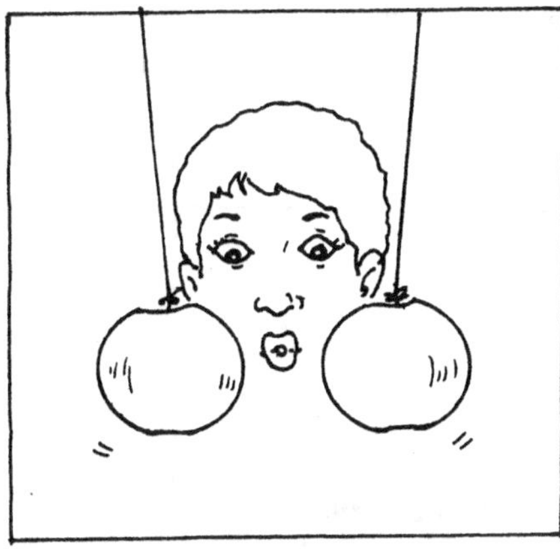

सारख्याच लांबीच्या दोन दोऱ्या घ्या. सफरचंदाच्या देठांना दोरी बांधून दोन्ही सफरचंदं टांगून ठेवा. दोघांमधलं अंतर पाच ते सात सें.मी. ठेवा.

दोन्ही सफरचंदांच्यामध्ये आता जोरात फुंकर मारा.

काय होईल? सफरचंदं एकमेकांपासून दूर जातील?

पण तुमचं उत्तर चूक आहे.

सफरचंद एकमेकांच्या जवळ येतील. कारण हवेचा वेग जितका जास्त, तितका त्याचा दाब कमी असतो. फुंकर मारल्यावर दोन्ही सफरचंदांमधली हवा निघून जाते. त्यामुळे तिथला हवेचा दाब कमी होतो. पण सफरचंदाच्या भोवतालच्या हवेचा दाब नेहमी इतकाच असतो. तुलनेने तो जास्त होतो.

त्यामुळे बाहेरच्या हवेच्या दाबाने दोन्ही सफरचंदं आतमध्ये ढकलली जातात. म्हणून ती जवळ येतात.

◆ ◆ ◆

 **तुमच्या इच्छेनुसार दोरा तोडा**

एक लांबलचक, मजबूत दोरा घ्या. त्याचे दोन भाग करा. एक भाग पुस्तकाला बांधून दोरा टांगून ठेवा. आता या टांगलेल्या पुस्तकाला दोऱ्याचा दुसरा भाग बांधा. त्याचं टोक मोकळं सोडा.

आता तुमच्या मित्रांना सांगा. यातला कुठलाही दोरा - वरचा किंवा खालचा - आपल्या इच्छेनुसार तोडा. त्यांनी प्रयत्न केला तरी त्यांना जमणार नाही. ते हरल्याचं त्यांनी कबूल केलं म्हणजे मग तुम्ही करून दाखवा.

फक्त कोणती युक्ती करायची लक्षात ठेवा.

पुस्तकाच्या वरचा दोरा तोडायचा असेल तर खालचा दोरा हातात धरा आणि अगदी हळूहळू खाली ओढत जोर वाढवत रहा. वरचा दोरा तुटेल. खालचा दोरा तोडायचा असेल तर दोरा हातात धरा आणि एक झटका द्या. एका झटक्यात तुटेल. पुस्तकाच्या जडत्वामुळे (INERTIA) दोऱ्याला झटक्याने जोर दिला तरी त्याचा परिणाम वरच्या दोऱ्यावर होत नाही.

एक रुपयाची दहा नाणी घ्या. एकावर एक अशी चळत करून टेबलावर ठेवा. फूटपट्टी हातामध्ये आडवी धरा आणि सगळ्यात खालच्या नाण्यावर जोरात वार करा. फक्त खालचं नाणंच बाहेर पडेल. बाकीची चळत जशीच्या तशी राहील. पडणार नाही.

जडत्वाच्या सिध्दांतानुसार वरची नाणी पडत नाहीत.

जादुगारानं केलेला एक प्रयोग तुम्ही कधीतरी पाहिला असेल. टेबलावरच्या रेशमी चादरीवरील काचेची भांडी, कपबशी असं सामान मांडून ठेवलेले असतं, जादूगार टेबलाच्या एका बाजूच्या चादरीची टोकं हातात धरून एका झटक्यात चादर ओढतो. चादर त्याच्या हातात येते. पण टेबलावरच्या सामानाला धक्काही लागत नाही. तेसुध्दा या जडत्वाच्या सिध्दांतामुळेच.

◆ ◆ ◆

उष्णतेमुळे लोखंड प्रसरण पावतं

रेल्वेचे रूळ तुम्ही पाहिले असतील. दोन रुळांच्यामध्ये एक बारीक फट असते हेसुध्दा तुम्ही पाहिलं असेल. अशी फट का ठेवतात हे तुम्हाला माहीत आहे का?

सूर्याच्या उष्णतेने रूळ तापतात आणि प्रसरण पावतात. रूळ जर एकमेकांना चिकटून ठेवले तर प्रसरण पावल्यानंतर ते वाकतील. म्हणून त्यात फट ठेवलेली असते.

लोखंड उष्णतेने प्रसरण पावते हे तुम्ही कसं सिध्द करणार?

दोन मोठी सारख्याच उंचीची खोकी घ्या. त्यांच्यामध्ये बरंच अंतर ठेवून त्यावर लोखंडाची पट्टी ठेवा. पट्टीची टोकं खोक्याच्या थोडीशी बाहेर आली पाहिजेत.

पट्टीवर डाव्या बाजूच्या खोक्यावर वजन ठेवा. उजव्या बाजूच्या पट्टीखाली एक तार काटकोनात वाकडी करून ठेवा. तार खोक्याला जिथे स्पर्श करते तिथे खूण करून ठेवा.

आता स्टोव्ह पेटवा आणि पट्टी खाली ठेवा. पट्टी तापेल. डाव्या बाजूला वजन असल्यामुळे तिकडे प्रसरण पावणार नाही.

उजव्या बाजूला प्रसरण पावेल. त्याबरोबर वाकडी केलेली तारपण सरकेल. ती किती सरकली हे दाखवण्यासाठी पुन्हा एक खूण करा. स्टोव्ह काढून घ्या. पट्टी थंड झाल्यावर तार पुन्हा पहिल्या जागेवर येईल. दोन खुणांमधलं अंतर मोजा. उष्णतेमुळे पट्टी किती प्रसरण पावली ते तुम्हाला सहज समजेल.

◆◆◆

४२ पाण्यात पडलेलं नाणं काढा

हात ओला न करता पाण्यातून नाणं बाहेर काढता येईल का?

प्लॅस्टिकचे हातमोजे घातले तरच हे शक्य आहे. हो ना?

पण हातमोजे न घालताही तुम्हाला नाणं बाहेर काढता येईल आणि तुमचा हात थोडासुध्दा ओला होणार नाही.

कसं ते सांगतो.

टबमध्ये पाणी भरून त्यामध्ये नाणं टाका.

आता हाताला सर्व बाजूने लायकोपोडीयम पावडर लावा. नंतर खुशाल पाण्यात हात घालून नाणं काढा. हाताला पाण्याचा एक थेंबसुध्दा लागणार नाही.

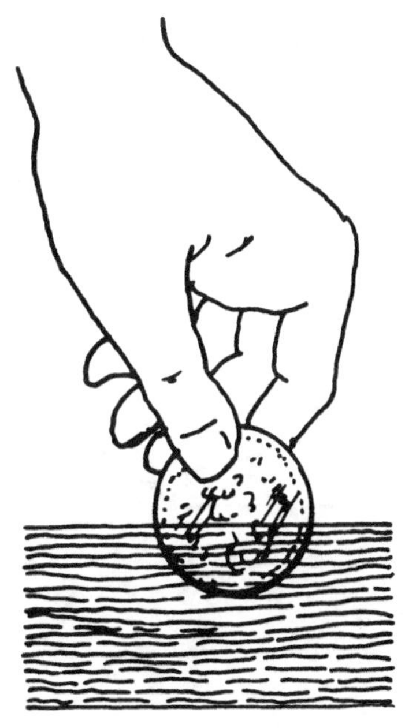

४३ बोट तयार करा

आकृतीत दाखविल्याप्रमाणे कार्डबोर्डची एक बोट तयार करा. बोटीला जर गोल फिरवायचं असेल तर सुकाणूसुध्दा लावा.

बोट तयार करणं अवघड वाटत असेल तर रिकाम्या काड्यापेटीच्या आतला खण घ्या. त्याला तळाशी ओलसर साबण चिकटवा. किंवा एका काठावर पाण्यात बुडेल असा साबणाचा तुकडा खोचून लावा. टबमधल्या पाण्याता ही बोट सोडा. पाण्यातून जायला लागेल. कोणतंही इंधन नसताना बोट कशी चालायला लागली?

साबणाचा तुकडा जेव्हा पाण्यात विरघळतो तेव्हा पाण्याचा पृष्ठीय ताण कमी होतो. पण भोवतालच्या पाण्याचा पृष्ठीय ताण कायम असतो तो बोटीला पुढे ढकलत असतो.

साबणाचा तुकडा पाण्यामध्ये विरघळेपर्यंत ही बोट थांबत नाही.

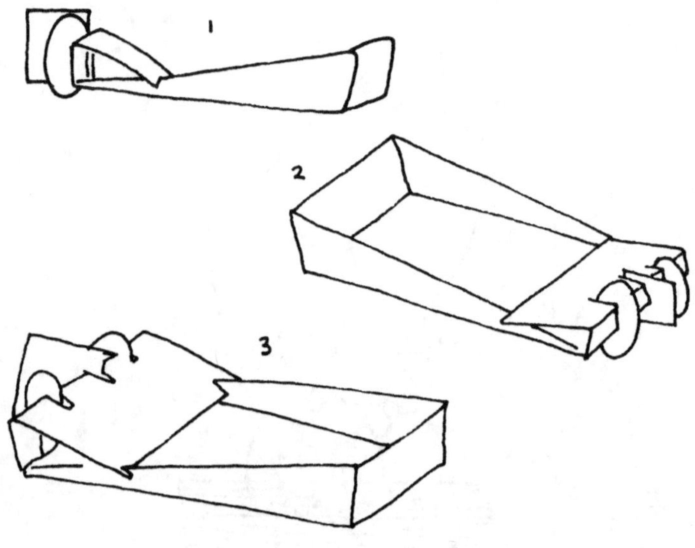

झाडांची, फुलांची बाग तुम्ही नेहमीच बघता. रासायनिक बाग कधी बघितलीय का? घरीच करा. तुमच्या हॉलमधेच.

त्यासाठी जमिनसुध्दा लागत नाही. काचेची पेटी हवी. मासे पाळण्यासाठी असते ना तशी. ती नसेल तरी काही हरकत नाही. एक मोठा ट्रे असला तरी चालेल.

आता ट्रेमध्ये किंवा पेटीमध्ये वाळू भरा. त्यामध्ये वॉटर ग्लास ओता. वॉटर ग्लास तुम्हाला ॲक्वेरियममध्ये मिळेल. नंतर पाणी टाका.

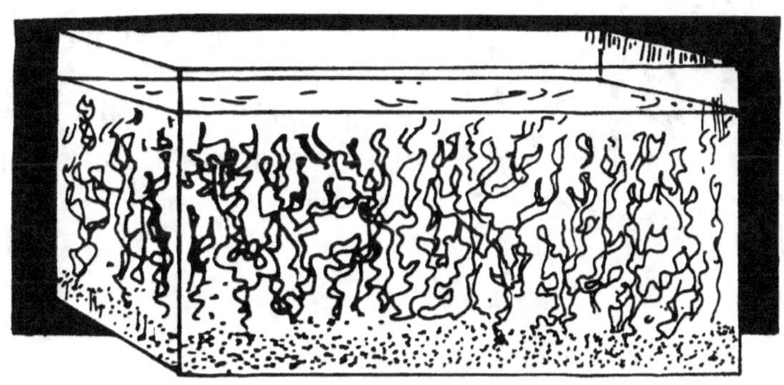

आता या बागेत झाडं उगवण्यासाठी बिया पेरायला हव्या. त्या कोणत्या ते सांगतो.

कॉपर क्लोराईड, कॉपर सल्फेट, लेड नाईट्रेट, मँगनिज सल्फेट, ॲल्युमिनियम सल्फेट, फेरस सल्फेट, फेरस क्लोराईड, कॉपर नाईट्रेट, निकेल सल्फेट, कोबाल्ट क्लोराईड, कोबाल्ट नाईट्रेट यांचे बारीक खडे घ्या. केमिस्टच्या दुकानात मिळतात किंवा सरांकडे मागितले तर ते प्रयोगशाळेतूनसुध्दा देतील.

वाळूमध्ये हे खडे नीट अंतर राखून पेरा. लक्षात ठेवा, पाण्याची जास्त हालचाल करू नका.

दुसऱ्या दिवशी सकाळी उठून बघा. तुमच्या बागेत रंगीबेरंगी झाडं उगवलेली तुम्हाला दिसतील. त्याचे रंग तुम्हाला फारच आवडतील. त्यामध्ये छोटे दिवे लावले तर रात्री रंगीबेरंगी प्रकाशसुध्दा पडेल.

◆ ◆ ◆

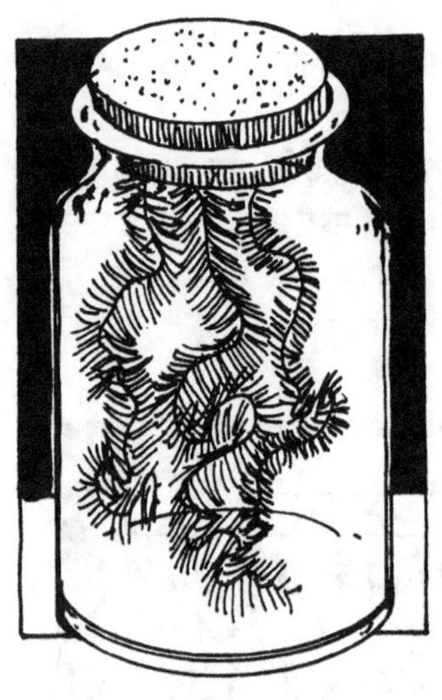

बाटलीमध्ये उर्ध्वपातित केलेलं पाणी (डिस्टिल्ड वॉटर) घ्या. त्यामध्ये लेड ॲसिटेट टाका. पंधरा भाग पाणी असेल तर एक भाग लेड ॲसिटेट टाका.

जस्ताचा पातळ पत्रा घ्या. त्याच्या बारीक पट्ट्या कापा. त्यांना हवा तसा आकार द्या. बाटलीच्या बुचाला पट्ट्यांची टोकं खुपसून ठेवा आणि पट्ट्या बाटलीमध्ये घालून बूच घट्ट लावा.

काही तासांनंतर पट्ट्यांना बारीक बारीक पानं फुटल्यासारखी दिसतील. बाटली सर्वांना दिसेल अशी उंच ठेवून द्या.

◆ ◆ ◆

४६ मीठाचं पाणी

काचेच्या ग्लासमध्ये पाऊण भाग पाणी भरा. त्यात भरपूर मीठ मिसळा. तांब्याच्या दोन तारा पाण्यात टाकून आकृतीत दाखविल्याप्रमाणे बॅटरीला जोडा. जोडल्याबरोबर पाण्यातल्या ऋण टोकाकडून (−) बुडबुडे निघताना दिसतील. आणि दुसऱ्या तारेतून पिवळसर हिरवा पदार्थ निघताना दिसेल. या प्रयोगामुळे उष्णतासुध्दा निर्माण होते.

मीठाच्या पाण्यातून जेव्हा विद्युतप्रवाह सोडला जातो तेव्हा मीठाचे विघटन होते. त्यातले सोडियम आणि क्लोरीन भाग वेगळे होतात. सोडियमची पाण्याशी रासायनिक क्रिया होऊन कॉस्टिक सोडा आणि हायड्रोजन तयार होतो. ते बुडबुडे हायड्रोजन वायूचे असतात. क्लोरीन आणि तांबं यांच्या रासायनिक क्रियेमुळे कॉपर क्लोराईड तयार होतं. कॉपर क्लोराईड आणि कॉस्टिक सोड्यामुळे कॉपर हायड्रॉक्साईड तयार होतं.

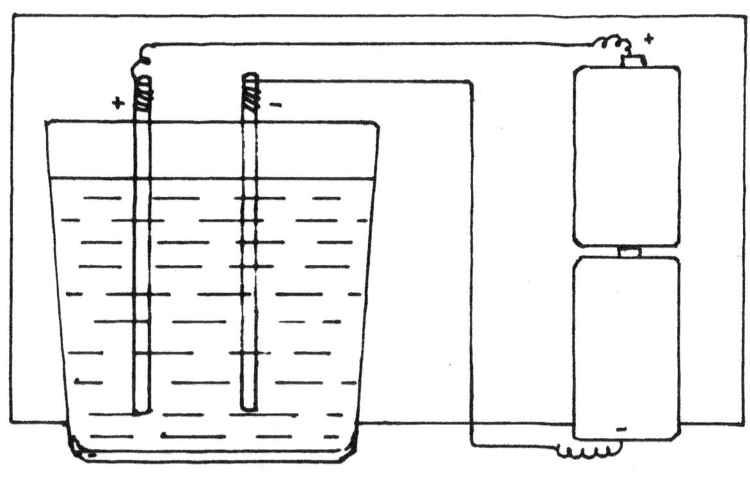

४७ कॉपर प्लेटिंग

पावसाळ्यामध्ये लोखंडाच्या वस्तू गंजतात. पण त्याला कॉपर प्लेटिंग केलं तर गंजत नाहीत.

कॉपर प्लेटिंग करणं अवघड नाही.

काचेच्या भांड्यात कॉपर सल्फेटचं तीव्र द्रावण तयार करा. लोखंडाचा खिळा दोरीला बांधून त्यामध्ये टांगून ठेवा.

काही तासानंतर खिळ्यावर तांब्याचा थर जमेल. सिल्वर प्लेटिंगसुध्दा असंच करतात.

फोटोग्राफरच्या दुकानात हायपो नावाचं द्रावण मिळतं. त्यामध्ये तांब्याचा चमचा टांगून ठेवला तर काही तासांनी तो चांदीचा दिसेल. अर्थात हे पॉलीश फार वेळ राहात नाही.

◆◆◆

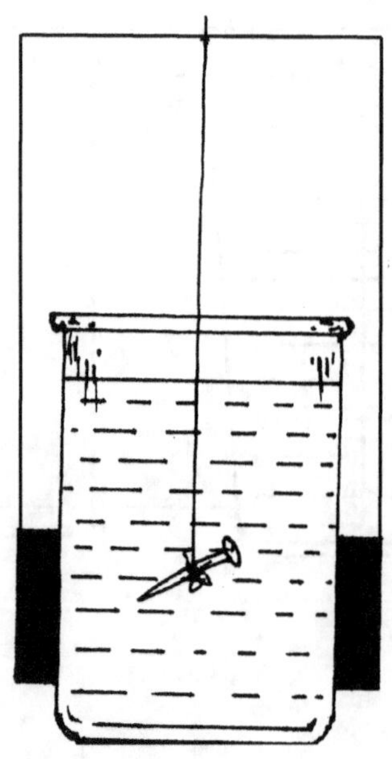

४८ तेलावर पोहणारा मासा

एका जाड पुठ्ठ्यावर माशाचं चित्र काढा. कात्रीने मासा कापून घ्या.

आकृतीत दाखविल्याप्रमाणे माशाच्या पोटामध्ये एक छोटं वर्तुळ ब्लेडने कापा. तसेच त्या वर्तुळापासून माशाच्या शेपटीला मध्यापर्यंत एक बारीकशी पट्टी

कापून काढा. मासा तुमच्या मनाप्रमाणे रंगवा.

टबमधल्या पाण्यात टाका. लक्षात ठेवा माशाचा एकच भाग पाण्याने ओला राहायला हवा. पृष्ठभाग कोरडा राहायला हवा.

आता माशाच्या पोटात तेलाचा एक थेंब अलगद सोडा. त्याबरोबर मासा पोहत पुढे जाईल.

तेल पाण्यावर तरंगतं कारण तेलाची घनता पाण्यापेक्षा कमी असते. तेल पाण्यावर पसरायला लागतं परंतु वर्तुळात पसरायला जागा नसते म्हणून ते मोकळ्या पट्टीतून शेपटीकडे जातं आणि जाताना माशाला पुढे ढकलून जातं.

◆ ◆ ◆

 फुलांचे रंग घालवा

फुलांचे रंग किती मोहक दिसतात. पण फुलांना जर रंगच नसतील तर ती कशी दिसतील? बघायचंय?

एक रुंद तोंडाची मोठ्या आकाराची बरणी घ्या. त्याचं झाकण काढा. त्याला एक छिद्र पाडा. त्यातून एक तार घाला. फुलं अडकविण्यासाठी तारेचा आकडा तयार करा. त्यात निरनिराळ्या रंगाची फुलं अडकवून ठेवा.

बरणीमध्ये बसेल अशी एक ताटली घ्या. एका कागदाच्या तुकड्यावर गंधक घ्या. कागद पेटवा म्हणजे त्यावरचं गंधकही जळेल. ताटलीमध्ये हा पेटता कागद आणि गंधक ठेवा. गंधक जळत असताना ताटली बरणीमध्ये ठेवा आणि फुलं अडकविलेल्या तारेसकट झाकण घट्ट लावा.

बरणीमधल्या ऑक्सिजनशी गंधकाचा संयोग होऊन सल्फर-डाय-ऑक्साईड तयार होतो. त्यामुळे बरणीतल्या फुलांचे रंग अदृश्य होतात.

◆◆◆

५० काच कापण्याची सोपी युक्ती

कार्डबोर्ड कापावा तशी काचसुध्दा कात्रीने सहज कापता येते.

काचेचा तुकडा, कात्री आणि तुमचा हात हे सगळं पाण्यात बुडलेलं हवं. तरच कागद जसा सहज कापला जातो त्याप्रमाणे काचसुध्दा कात्रीने कापली जाते.

हवेमध्ये कात्रीने काच कापता येत नाही. कारण कापताना जी कंपनं उठतात त्यामुळे काच तडकते किंवा वाकडी तिकडी कापली जाते. पाण्यामध्ये ही कंपनं कमी उठतात. म्हणून काच सहज कापली जाते.

♦ ♦ ♦

घरामधल्या बऱ्याचशा रिकाम्या बाटल्या आपण कचरा म्हणून फेकून देतो. परंतु या बाटल्यांपासून काही सुंदर कलावस्तु तयार करता येतात. कशा ते सांगतो.

वरचा भाग फुटलेला आहे अशा बऱ्याच बाटल्या घरात असतात. त्या जमा करा. त्या बाटल्यांचे आता ग्लासेस तयार करू.

ग्लास जेवढ्या उंचीचे हवे तेवढ्या उंचीपर्यंत बाटलीमध्ये तेल भरा. आता

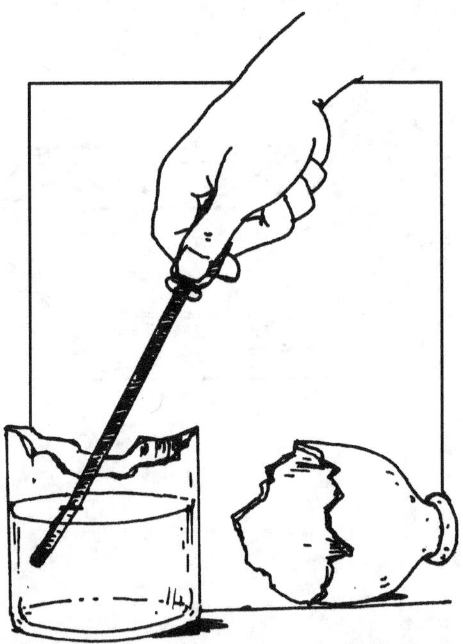

लोखंडाची एक सळई गॅसवर लाल होईपर्यंत तापवा आणि ती बाटलीतल्या तेलात बुडवा. तेलाच्या वरचा भाग तुटून पडेल. तुम्हाला हवा तसा ग्लास तयार होईल.

तुम्हाला ग्लास नकोय? ब्रासलेट हवंय? ठिक आहे. त्याच ग्लासमध्ये पुन्हा तेल टाका. तुम्हाला जेवढ्या रुंदीचं ब्रासलेट हवं तेवढी जागा मोकळी ठेवा. पुन्हा सळई तापवून त्यात बुडवा. तुमचं ब्रासलेट अलगद खाली पडेल.

◆◆◆

न जळणारा कागद

तुरटी पाण्यात टाकून तीव्र द्रावण तयार करा. त्यामध्ये कागद बुडवा. बाहेर काढा. वाळवा. पुन्हा पाण्यात बुडवा. वाळवा. असं तीन-चार वेळा करा.

तुमचा कागद जळणार नाही.

न जळणारे कपडे हवेयत?

डिस्टील्ड वॉटरमध्ये अमोनियम क्लोराईड टाका. (३ चमचे). त्यामध्ये तुमचा शर्ट बुडवा. बाहेर काढून वाळवा. शर्ट पेटवला तरी जळणार नाही.

घरामध्ये एखादी लाकडाची मूर्ती, चित्र असेल तर ते वॉटर ग्लासमध्ये बुडवा. वाळवा. लाकडाला कधी आग लागणार नाही. लाकडाला पॉलीश केलेलं असेल तर हा प्रयोग यशस्वी होणार नाही.

◆◆◆

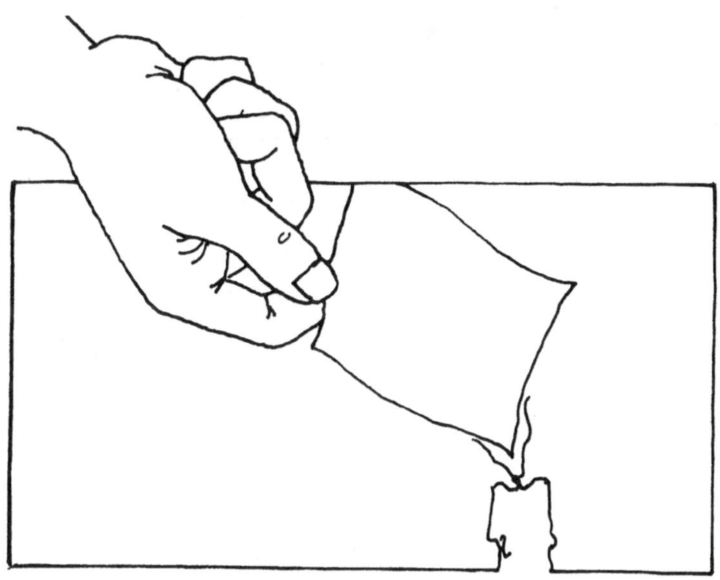

खोक्याचं एक झाकण घ्या.

आता नाईट्रेट ऑफ पोटॅशचं तीव्र द्रावण तयार करा.

ब्रश त्यामध्ये बुडवून खोक्यावर तुमचं नाव काढा. लक्षात ठेवा नाव काढताना ब्रश एकदाही वर उचलू नका. सलग लिहा. ही अक्षरं तुम्हाला दिसणार नाहीत.

आता उदबत्ती पेटवा आणि जळता भाग अदृष्य नावाच्या अगदी पहिल्या रेषेवर ठेवा. त्याबरोबर अक्षरं पेट घेतील. तुम्ही जसं अक्षर लिहिलं त्याप्रमाणे ते जळत जळत जाईल. खोक्याचा बाकीचा भाग तसाच राहील. तुमच्या मित्रांची नावं आधीच तयार करून ठेवा आणि प्रत्येकाला ही जादू दाखवा.

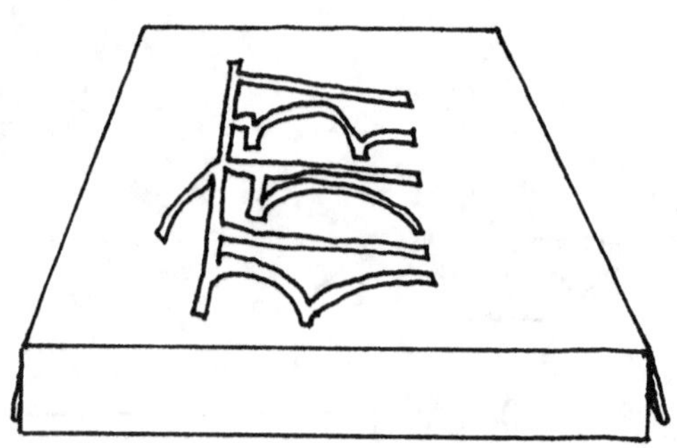

◆◆◆

गुप्त संदेश

गुप्त संदेश पाठविण्याचे अनेक प्रकार असतात. ते लिहिण्याचे अनेक प्रकार असतात आणि वाचण्याचेही अनेक प्रकार असतात. पण तुम्हाला एक वेगळाच प्रकार सांगतो.

कागदावर शाईने लिहिलेला मजकूर वाचायचा आणि हाताने पुसून टाकायचा. खरं नाही ना वाटत?

तुम्हीच करून बघा ना!

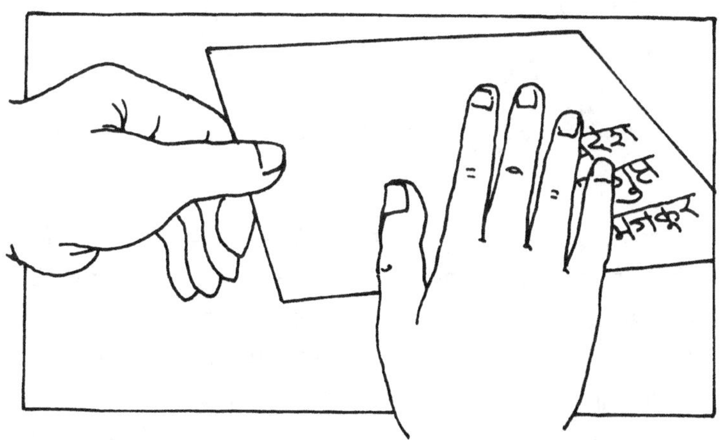

त्यासाठी वेगळ्या प्रकारची शाई तयार करावी लागते. कपड्याला स्टार्च करण्यासाठी जी पावडर असते ती घ्या आणि टिंक्चर आयोडीनमध्ये मिसळा. हे मिश्रण रिकाम्या शाईच्या बाटलीत टाका. म्हणजे कोणाला संशय येणार नाही. मित्रांना बोलवा.

आता या शाईमध्ये पेन बुडवून कागदावर तुम्हाला हवा तो मजकूर लिहा. वाचायला द्या. आणि बोलता बोलता कागद हातात घेऊन त्याच्यावर तळहात फिरवा.

शाईने लिहिलेला मजकूर मिटून जाईल.

लक्षात ठेवा, लिहिताना अक्षरांना हाताचा स्पर्श व्हायला नको.

◆◆◆

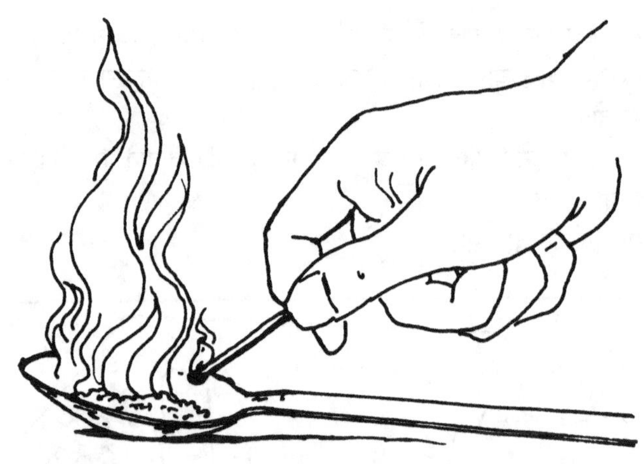

हा प्रयोग करण्याआधी एक सूचना. आग छोटी असो नाही तर मोठी. सावधगिरी बाळगली नाही तर धोकादायक आहे. तेव्हा हा प्रयोग करताना घरातील एखादी मोठी व्यक्ती जवळ हजर असू द्या. मगच प्रयोग करा.

एक मोठा चमचा घ्या. त्यामध्ये नाईट्रेट ऑफ स्ट्रॉनशिया टाका आणि त्याचा ओलसरपणा घालवण्यासाठी गरम करा. नंतर चमचा अंगणामध्ये सपाट जागेवर आडवा ठेवा. चमच्यामध्ये थोडंसं स्पिरीट टाका. आणि पेटलेली काडी चमच्याजवळ धरा आणि लगेच बाजूला व्हा.

चमच्यामधून लालभडक ज्वाळा वर उठताना दिसतील. अशा लालभडक ज्वाळा यापूर्वी तुम्ही कधीच पाहिल्या नसतील.

तुम्हाला जर निळ्या ज्वाळा हव्या असतील तर चमच्यामध्ये बोरिक ऑसिड टाका.

◆◆◆

 ## ५६) काठी कोणत्या बाजूला पडेल?

हा एक खूप गमतीचा खेळ आहे. करून बघा म्हणजे समजेल. दोन्ही हाताच्या मुठी करा. हाताचं पहिलं बोट मात्रं ताठ ठेवा. दोन्ही मुठींमध्ये थोडंसं अंतर ठेवा. आकृतीत दाखवल्याप्रमाणे एक काठी दोन्ही बोटांवर ठेवा. काठीचा डाव्या बोटावरचा भाग जास्त बाहेर जाईल अशा रितीने काठी बोटांवर ठेवा.

आता जर दोन्ही बोटं जवळ जवळ आणली तर काठी डाव्या बाजूला पडेल का उजव्या बाजूला?

हा प्रश्न तुमच्या मित्रांनाही विचारा. सगळे जण एकच उत्तर देतील. काठीचा डावा भाग जास्त बाहेर आला आहे म्हणून काठी डाव्या बाजूला पडेल. तुम्हालाही असचं वाटतं ना?

पण तुमचं उत्तर चूक आहे. काठी पडणारच नाही.

शंका वाटत असेल तर करून बघा. बोटं जवळ आणा किंवा लांब न्या. काठी पडणार नाही.

कारण - काठीचा डावा भाग बोटाच्या बाहेर जास्त आलेला आहे. त्यामुळे डाव्या बोटावर त्याचं वजन किंवा दाब जास्त पडतो. दाब जास्त असला की घर्षणही जास्त होतं. उजव्या बोटावर मात्रं त्यामानाने काठीचा दाब कमी असतो. म्हणून घर्षणही कमी असतं. त्यामुळं ज्या बाजूला घर्षण कमी आहे त्या बाजूला पट्टी सरकते. त्यामुळे पट्टीचं बोटावरचं संतुलन कायम राहतं. पट्टी खाली पडत नाही.

◆ ◆ ◆

५७ सापाचा खेळ

दिवाळीच्या फटाक्यांमध्ये ही सापाची पेटीसुध्दा तुम्ही कधी तरी विकत आणली असेल.

असा साप तुम्हाला घरीसुध्दा करता येईल.

त्यासाठी तुम्हाला तीन वस्तूंची आवश्यकता आहे. त्या वस्तू आणि त्याचं प्रमाण असं आहे -

१) पोटॅशियम बायकार्बोनेट - १/४ औंस

२) पोटॅशियम नायट्रेट - १/८ औंस

३) साखर - १/४ औंस

प्रत्येक वस्तू वेगवेगळी बारीक करा. मग एकत्र करा. ॲल्युमिनियमच्या पातळ पत्र्यामध्ये गुंडाळा. मग ही गुंडाळी एका लांबट आकराच्या कागदाच्या बॉक्समध्ये ठेवा.

आता बॉक्सच्या एका टोकाला काडी पेटवून जाळा.

काही क्षणातच दुसऱ्या टोकाकडून साप वळवळत बाहेर पडेल. तो काही तुम्हाला चावणार नाही.

◆◆◆

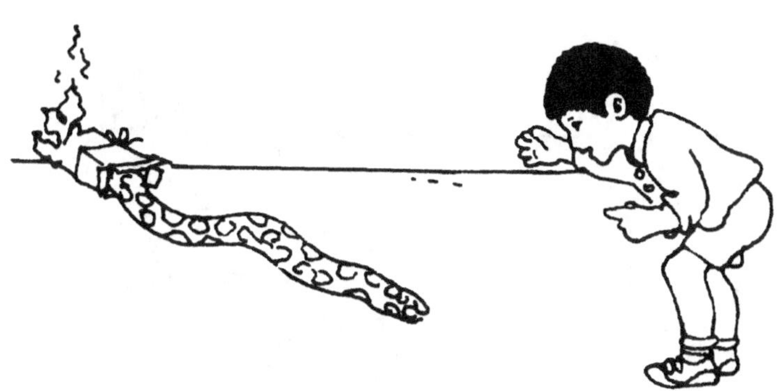

५८ दिसायला सोपं करायला अवघड

वर्तमानपत्राचा एक कागद घ्या. आकृतीत दाखवल्याप्रमाणे त्यावर दोन रेषा मारा आणि कात्रीने कापा. एकमेकांना चिकटलेल्या तीन पट्ट्या तयार होतील.

या तिन्ही पट्ट्या रुंदीला सारख्याच असल्या पाहिजेत. त्या एकमेकांच्या विरुध्द बाजूला चिकटलेल्या असल्या पाहिजेत.

आता बाजूच्या दोन्ही पट्ट्या एकेका हातात धरा आणि अशा पध्दतीने फाडा की मधली पट्टी वेगळी होईल.

सोपं आहे ना? पण करायला अवघड आहे.

करून बघा. मधली पट्टी कधीच वेगळी होणार नाही. दोन्ही पट्ट्या तुम्ही कितीही ताकदीने ओढल्या तरी मधली पट्टी पहिल्या किंवा तिसऱ्या पट्टीला चिकटलेलीच राहील.

 # आपोआप सोलणारं केळं !

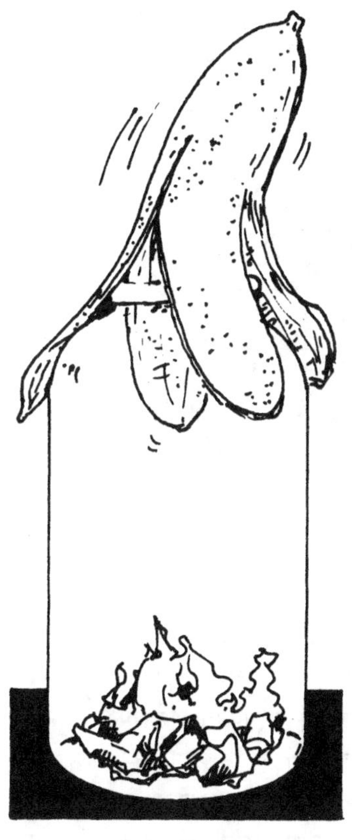

केळं खायचं असेल तर त्याची साल हाताने सोलावी लागते. पण एक केळं असं आहे की ते आपोआप सोललं जातं. पहायचंय?

दुधाची रिकामी बाटली घ्या. एक चिंधी स्पिरिटमध्ये भिजवून बाटलीमध्ये टाका. चिंधी पेट घेईल.

आता एक केळं घ्या. थोडंसं सोला आणि बाटलीच्या तोंडामध्ये आतला पांढरा भाग घालून पक्का बसवून केळं उभं करा.

काही वेळानं केळ्याची साल आपोआप सोललं जाईल आणि केळं बाटलीमध्ये खाली सरकत जाईल.

कारण - चिंधी जळण्यासाठी ऑक्सिजन आवश्यक असतो. बाटलीमध्ये जेवढा वेळ ऑक्सिजन असतो, तेवढा वेळ चिंधी जळते. ऑक्सिजन संपला की ती विझते. ऑक्सिजन संपल्यामुळे बाटलीतल्या हवेचा दाब कमी होतो. बाटलीच्या बाहेर असलेला हवेचा दाब त्या मानानं जास्त असतो. बाहेरची हवा बाटलीमध्ये जाण्याचा प्रयत्न करते. परंतु बाटलीच्या तोंडाशी केळं असल्यामुळे हवा आत जाऊ शकत नाही. हवेचा दाब केळ्यावर पडतो. त्या दाबानं केळं बाटलीमध्ये ढकललं जातं आणि साल आपोआप सोललं जातं.

◆◆◆

६० धुक्यानं काढलेलं चित्रं

निसर्ग हा फार मोठा चित्रकार आहे. अदृश्य हातांनी तो चित्र काढत असतो. त्याचं एखादं चित्रं तुम्हाला हवंय का? मग मी सांगतो तसं करा.

परंतु हा प्रयोग हिवाळ्यामध्ये जेव्हा धुकं पडतं त्याच वेळेस करायला हवा.

काचेचा एक मोठा चौकोनी तुकडा घ्या. चांगला पुसा. पाण्यामध्ये जिलेटिन टाकून ते मिश्रण काचेवर लावा आणि रात्रभर तुमच्या अंगणात ठेवा.

सकाळी उठून बघा. काचेवर विचित्र आकाराचं डिझाईन तयार झालेलं दिसेल. पण त्याला हात लावू नका. नाहीतर चित्रं पुसून जाईल. तुम्हाला जर ते कायमचं हवं असेल तर काच अलगद उचला. एका मोठ्या ट्रेमध्ये ठेवा. आता ट्रेमध्ये हळुहळू स्पिरीट ओता. काच बुडेल इतकं ओता. स्पिरीटला हलक्या हाताने ढवळल्यासारखे करा. ३/४ वेळा असं केल्यावर ट्रेमधून काच बाहेर काढा. वाळू द्या.

काचेच्या पाठीमागे रंगीत कागद चिकटवा. फ्रेम करा. खोलीमध्ये टांगून ठेवा. हे चित्र कोणी काढलं असं सगळे विचारतील. धुक्यानं काढलं असं सांगा.

◆◆◆

६१ सी-सॉ

बागेमध्ये तुम्ही सी-सॉवर बसलात की नाहीत?

असाच पण जरा वेगळ्या प्रकारचा सी-सॉ तुम्हाला घरी करता येईल. तुम्हाला त्याच्यावर बसता येणार नाही. पण त्याच्याशी खेळता येईल. एक पेन्सिल टेबलावर ठेवा. फूटपट्टी घ्या. पेन्सिलीवर बरोबर मध्यावर पट्टी ठेवा. पट्टीची दोन्ही टोकं जमिनीशी समांतर आणि अधांतरी राहिली पाहिजेत. आता आईस्क्रिमचे दोन लहान रिकामे कप घ्या. त्यात अध्यापिक्षा जास्त पाणी भरा. दोन्हीमध्ये सारख्याच उंचीवर पाणी भरा.

पट्टीच्या दोन्ही टोकांवर एकेक कप ठेवा. कप ठेवल्यावरही पट्टी अधांतरी राहिली पाहिजे. त्यासाठी पाणी कमी-जास्त करावं लागेल.

दोन्ही कप व्यवस्थित संतुलित झाले म्हणजे तुमचा सी-सॉ तयार झाला. आता उजव्या बाजूच्या कपामध्ये एक बोट थोडंसं बुडवा. काय होईल माहीत आहे? सी-सॉ उजव्या बाजूला झुकेल.

आता डाव्या बाजूच्या कपामध्ये तेवढंच बोट बुडवा. सी सॉ पुन्हा सरळ होईल. तुमच्या मित्राला घेऊन हा खेळ तुम्हाला कितीही वेळ खेळता येईल.

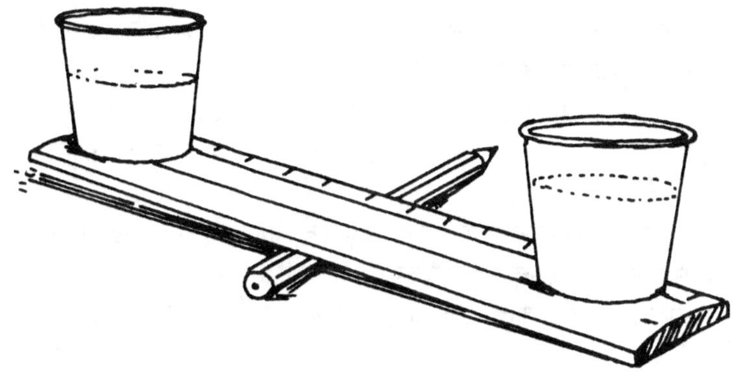

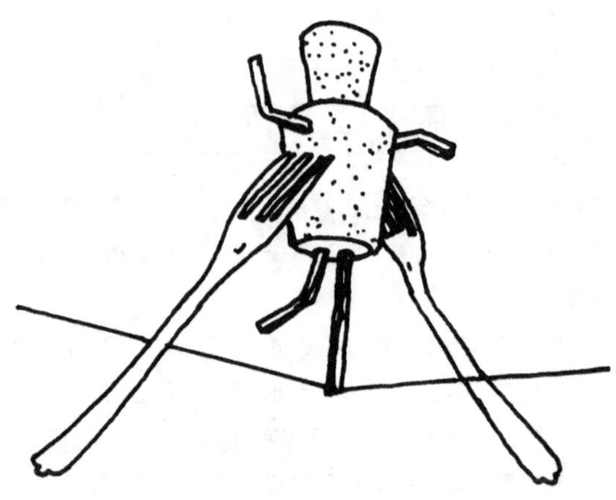

मोठ्या बुचावर एक छोटं बूच डिंकानं चिकटवा. काड्याच्या पेटीतल्या तीन काड्या घ्या. प्रत्येक काडी मधोमध वाकवा.

मोठ्या बुचाला डाव्या-उजव्या बाजूला काड्यांचे हात लावा. वाकडा झालेला एक पाय खाली लावा. एक सरळ काडी दुसऱ्या पायाच्या जागी लावा. या सरळ पायावरच तुमची बाहुली नाचणार आहे.

आता एक दोरी (रिळाचा दोरा) समोरासमोरच्या खिडक्यांना ताणून बांधा. बाहुलीच्या सरळ पायाला चाकूने थोडीशी खाच पाडा म्हणजे दोरीवर बाहुली उभी करता येईल.

आता बुचाला दोन काटे चमचे आकृतीत दाखवल्याप्रमाणे खोचा. बाहुली दोरीवर उभी करा. बराच प्रयत्न केल्यावर ती उभी राहील.

दोरीला हलकेच हात लावा. बाहुली तोल सांभाळत नाचायला लागेल.

◆ ◆ ◆

६३ मेणबत्तीचा सी-सॉ

एक मोठी लांबलचक मेणबत्ती घ्या. मेणबत्तीच्या दुसऱ्या टोकाकडचं मेण थोडंसं काढून खालची वातसुध्दा थोडी बाहेर काढा. कारण आपल्याला दोन्ही बाजूंनी मेणबत्ती पेटवायची आहे.

आता मेणबत्तीच्या बरोबर मध्यभागी एक खिळा आरपार घाला. दोन ग्लास जवळजवळ ठेवून त्यावर खिळा आडवा ठेवा. हा झाला तुमचा सी-सॉ. पातळ पत्रा कापून दोन मुलांची आकृती करून दोन्हीकडे बसवली तर आणखी चांगलं.

आता एका बाजूची मेणबत्ती पेटवा. त्याचं मेण वितळलं की ती थोडीशी हलकी होईल आणि वर जाईल. आता दुसऱ्या बाजूची मेणबत्ती पेटवा. त्याचं मेण वितळलं की ती बाजू हलकी होऊन वर जाईल. जी बाजू खाली जाते ती वाकडी झाल्यामुळे त्या बाजूचं मेण जास्तच वितळतं. म्हणून ती बाजू पुन्हा वर जाते.

अशा रितीने हा सी-सॉ चालूच राहतो.

♦♦♦

मेरी-गो-राऊंड

दोन बुचं घ्या. त्याचे प्रत्येकी दोन तुकडे करा. म्हणजे चार तुकडे मिळतील. आता प्रत्येक तुकड्याला खालच्या बाजूने काटा चमचा उभा टोचा. काट्याचा कोन नव्वद अंशापेक्षा कमी असावा. प्रयत्न केल्यावर जमेल.

ॲल्युमिनियमच्या भांड्यावर झाकण्याची ताटली घ्या. त्यावर समोरासमोर अशा चारी बाजूने बुचं ठेवा. काटे चमचे खाली राहतील.

एक बुचाची बाटली घ्या. बुचाला पीन टोचून उभी करा. त्यावर ताटली ठेवा. ताटलीचा केन्द्रबिंदू सापडायला बराच प्रयत्न करावा लागेल. पण त्यानंतर ताटली तोलून राहिली म्हणजे पडण्याची काळजी नाही.

आता ताटली अलगद फिरवा. घर्षण कमी असल्यामुळे ती मेरी-गो-राऊंड सारखी बराच वेळ फिरत राहील.

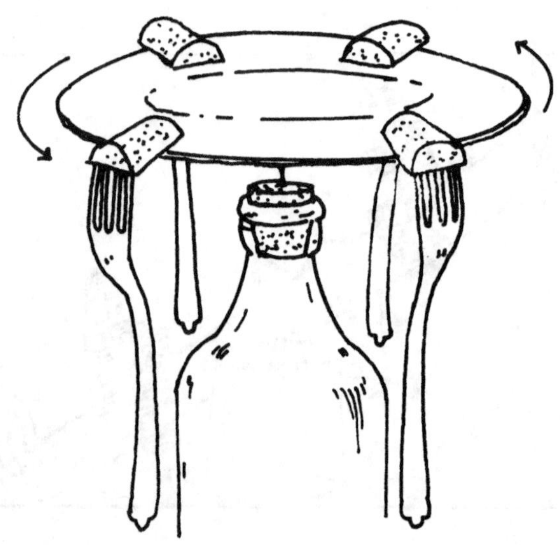

www.ingramcontent.com/pod-product-compliance
Lightning Source LLC
Chambersburg PA
CBHW071234130726
47998CB00003B/946